Ridha Ghayoula

Synthese d'un algorithme de cryptographie Asymetrique RSA

Ridha Ghayoula

Synthese d'un algorithme de cryptographie Asymetrique RSA

RSA, FPGA ,Cryptographie, Montgomery

Presses Académiques Francophones

Impressum / Mentions légales
Bibliografische Information der Deutschen Nationalbibliothek: Die Deutsche
Nationalbibliothek verzeichnet diese Publikation in der Deutschen Nationalbibliografie;
detaillierte bibliografische Daten sind im Internet über http://dnb.d-nb.de abrufbar.
Alle in diesem Buch genannten Marken und Produktnamen unterliegen warenzeichen-,
marken- oder patentrechtlichem Schutz bzw. sind Warenzeichen oder eingetragene
Warenzeichen der jeweiligen Inhaber. Die Wiedergabe von Marken, Produktnamen,
Gebrauchsnamen, Handelsnamen, Warenbezeichnungen u.s.w. in diesem Werk berechtigt
auch ohne besondere Kennzeichnung nicht zu der Annahme, dass solche Namen im Sinne
der Warenzeichen- und Markenschutzgesetzgebung als frei zu betrachten wären und
daher von jedermann benutzt werden dürften.

Information bibliographique publiée par la Deutsche Nationalbibliothek: La Deutsche
Nationalbibliothek inscrit cette publication à la Deutsche Nationalbibliografie; des
données bibliographiques détaillées sont disponibles sur internet à l'adresse http://dnb.d-
nb.de.
Toutes marques et noms de produits mentionnés dans ce livre demeurent sous la
protection des marques, des marques déposées et des brevets, et sont des marques ou des
marques déposées de leurs détenteurs respectifs. L'utilisation des marques, noms de
produits, noms communs, noms commerciaux, descriptions de produits, etc, même sans
qu'ils soient mentionnés de façon particulière dans ce livre ne signifie en aucune façon que
ces noms peuvent être utilisés sans restriction à l'égard de la législation pour la protection
des marques et des marques déposées et pourraient donc être utilisés par quiconque.

Coverbild / Photo de couverture: www.ingimage.com

Verlag / Editeur:
Presses Académiques Francophones
ist ein Imprint der / est une marque déposée de
AV Akademikerverlag GmbH & Co. KG
Heinrich-Böcking-Str. 6-8, 66121 Saarbrücken, Deutschland / Allemagne
Email: info@presses-academiques.com

Herstellung: siehe letzte Seite /
Impression: voir la dernière page
ISBN: 978-3-8381-7218-7

TABLE DE MATIÈRES

AVANT PROPOS

Présentation Etendue de la mémoire...II

Introduction Général...1

Chapitre 1   **Introduction à la cryptographie**

1.Introduction...4

2.Cryptographie 6

2.1. Confidentialité et algorithme de chiffrement..6

2.1.1. Chiffrement symétrique ou clef secrète..7

2.1.1.1.Modes de chiffrement par blocs...7

a- Le mode ECB (Electronic Code book)................................ 7

b- Le mode CBC (Cipher Block Chainaing 8

2.1.1.2. Chiffrement par blocs avec itération.....................................9

2.1.1.3. Exemples d'algorithmes symétriques....................................10

A-DES (Data Encryption Standard)....................................11

B-IDEA..13

2.1.2.Chiffrement asymétrique ou à clef publique............................13

A-RSA (Rivest, Shamir, Adelman)......................................14

2.1.3.Cryptographie hybride...16

2.2. Fonctions de hachage à sens unique, signature numérique et scellement...........17

2.2.1.Fonctions de hachage à sens unique.......................................17

2.2.2.Signature numérique..18

2.2.3.Scellement...19

2.3.Protocoles Cryptographiques..20

3.Conclusion..21

Chapitre 2   **Le Crypto Système RSA**

1. Introduction..22

2. L'algorithme RSA...23

    2.1. Description de l'algorithme..24

    2.2. L'utilisation de l'algorithme RSA...27

    2.3. Mise en œuvre pratique de RSA...28

        2.3.1. Inversion modulo Φ 28

        2.3.2. Sécurité de RSA..29

        2.3.3. La multiplication modulo N................................29

        2.3.4. Vitesse de l'algorithme RSA...............................31

    3.Conclusion...32

Chapitre 3   **Architecture de l'implantation de l'algorithme**
de cryptographie RSA

1. Introduction..33

2. L'algorithme de Montgomery 33

    2.1. Processus de chiffrage de l'algorithme RSA 34

    2.2 .Description de l'algorithme de Montgomery 35

    2.3. La fonction Monpro..37

3. L'exponentiation modulaire... 39

4. L'architecture de l'implantation de l'algorithme de Montgomery............................41

    4.1. Schéma bloc de l'algorithme de Montgomery 41

        4.1.1. Architectures de double Additionneur 41

    4.2. Architecture matérielle de la multiplication de Montgomery 44

        4.2.1. Les registres A, M 44

        4.2.2. Les registres Si-1, RES......................46

        4.2.3. Le Registre à décalage B......................48

        4.2.4. Le multiplieur Abi......................49

        4.2.5. Additionneur 8 bits......................50

        4.2.6. le multiplieur Mqi......................51

        4.2.7.Bloc de commande......................52

        4.2.8. La multiplication de Montgomery 52

5. L'architecture de l'implantation de l'exponentiation modulaire............................54

    5.1. Schéma bloc de l'exponentiation modulaire 55

        5.1.1. Architecture de l'exponentiation modulaire 56

5.1.2. Les registres de l'exponentiation modulaire..57

5.1.3. Le Multiplexeur (4 vers 1) 57

5.1.4. Le Démultiplexeur (1 vers 2)...57

5.1.5. Le bloc de contrôle..58

    5.1.5.1. Structure interne de bloc de contrôle...................................60

    5.1.5.2. Le registre Reg_Clef...61

5.2. Synthèse des différents blocs de l'exponentiation modulaire.........................62

    5.2.1. Les registres de l'exponentiation modulaire..62

    5.2.2. Le Multiplexeur (4 vers 1)..63

    5.2.3. Le Démultiplexeur (1 vers 2)...64

    5.2.4. Bloc de contrôle 65

    5.2.4.1. Le Registre de Clef..66

    5.2.5. Le schéma bloc de monexp2...67

    5.2.5.1. Exemple d'application 67

6. Interprétation 69

    6.1. Résultats de l'implantation...69

    6. 2. Programmation..69

    6.2.1. Programmation de la famille MAX9000..70

    6.2.2. Configuration de la famille FLEX par le "BYTEBLASTER".....................70

    6.2.3. Problèmes divers lors de la programmation..71

7. Conclusion...72

Conclusions et perspectives...73

Référence bibliographiques
GLOSSAIRE

Annexe 1   *Schémas – Code VHDL*

Annexe 2   *Technologie de l'implantation*

Annexe 3   *Carte de développement Altera*

Annexe 4   *Code ASCII*

Annexe 5   *Éléments mathématiques*

Chapitre 1

Introduction à la cryptographie

1. Introduction

La cryptographie a pour objectif l'étude des techniques capables de chiffrer un message et de le déchiffrer en vue de protéger son contenu contre des agents externes. Elle n'a rien à voir avec la théorie du codage qui visa à se protéger contre des bruits dus, la plupart du temps, au hasard.

La cryptographie s'oppose à la cryptanalyse dont le but est d'essayer de déchiffrer un message crypté dont on ne connaît rien ou à peine une partie du code utiliser. Ensemble, ces deux disciplines constituent la cryptologie. Shannon (1949) fut, à la fois, le précurseur de la théorie de l'information et du codage ainsi que de la cryptologie. Il a montré, notamment, qu'un message sur lequel on effectue, suffisamment de fois, un mélange de permutations suivi de substitution de ses caractères constitutifs, devient incassable. Cette méthode est à la base d'algorithmes cryptographiques connus, comme le DES (Data Enryption System) de IBM, mais au début des années 70 et encore très utilisés actuellement, notamment dans les systèmes informatiques. Tous les systèmes cryptographiques employés jusqu'à la fin du siècle dernier étaient basés sur des permutations ou des substitutions. Mais, personne n'avait jamais imaginé de combiner les deux.le système cryptographique de Jules César, pour communiquer des informations secrètes, consistait déjà en des substitutions de caractères par d'autres, dans le message d'origine. De nos jours, n'importe qui pourrait déchiffrer un tel message.

A l'époque, il fallait attendre très longtemps, jusqu'à après la seconde guerre mondiale, pour que des scientifiques s'intéressant réellement au problème. Pour un espion, trois démarches principales peuvent avoir lieu suivant qu'il se contente d'observer le canal de transmission ou qu'il modifie la communication ou encore qu'il sollicite lui-même une communication.

- Lorsqu'il s'agit uniquement d'observer ce qui est transmis, on parle d'attaque passive. Personne n'est alors en mesure de détecter sa présence. Il en est certainement ainsi dans le cas d'une écoute sur les ondes hertziennes.

- Le fait de modifier la communication entre l'émetteur et le récepteur vise différents objectifs. Il peut simplement agir sur une altération des données de manière à rendre celles–ci plus favorables à celui qui effectue la manœuvre. On peut également chercher à tester la réaction du réseau à une sollicitation donnée, afin de recueillir davantage d'informations susceptibles de briser le code ou, à tout le moins, d'obtenir certaines réponses à une question particulière.

- Solliciter une communication en se faisant passer pour quelqu'un d'autre permet de recevoir tous les messages destinés à celui-ci. Cela suppose, bien souvent, qu'il s'agisse d'une « taupe » c'est-à-dire un utilisateur à part entière du système qui détourne de l'information.

Il convient également de distinguer :

- Les systèmes cryptographiques inconditionnellement sûrs où il est impossible de retrouver (sauf par hasard) un message à partir de sa forme cryptée, même en disposant d'une puissance de calcul illimitée et d'une mémoire infinie, ceci implique que l'on possède une preuve (démonstration) de la sûreté de l'algorithme.

- Les systèmes qui, moyennant les algorithmes de résolution dont on dispose à l'heure actuelle et la vitesse des ordinateurs les plus rapides ne permettent pas de déchiffrer un message en un temps raisonnable.

2. Cryptographie

La cryptographie traditionnelle est l'étude des méthodes permettant de transmettre des données de manière confidentielle. Afin de protéger un message, on lui applique une transformation qui le rend incompréhensible; c'est ce qu'on appelle le chiffrement, qui ,à partir d'un texte en clair ,donne un texte chiffré ou cryptogramme. Inversement, le déchiffrement est l'action qui permet de reconstruire le texte en clair à partir du texte chiffré. Dans la cryptographie moderne, les transformations en question sont des fonctions mathématiques, appelées algorithmes cryptographiques, qui dépendent d'un paramètre appelé clef.

Figure 1.1 .Principe de base de la cryptographie

Si le but traditionnel de la cryptographie est d'élaborer des méthodes permettant de transmettre des données de manière confidentielle, la cryptographie moderne s'attaque en fait plus généralement aux problèmes de sécurité des communications. .Le but est d'offrir un certain nombre de services de sécurité comme la confidentialité, l'intégrité, l'authentification des données transmises et l'authentification d'un tiers. Pour cela, on utilise un certain nombre de mécanismes basés sur des algorithmes cryptographiques .Nous allons voir dans ce chapitre quelles sont les techniques que la cryptographie fournit pour réaliser ces mécanismes.

2.1 Confidentialité et algorithme de chiffrement

La confidentialité est historiquement le premier problème posé à la cryptographie .Il se résout par la notion de chiffrement, mentionnée plus haut .Il existe deux grandes familles d'algorithmes cryptographiques à base de clefs : les algorithmes à clef secrète ou algorithmes symétriques, et les algorithmes à clef publique ou algorithmes asymétriques.

2.1.1. Chiffrement symétrique ou clef secrète

Dans la cryptographie conventionnelle, les clefs de chiffrement et de déchiffrement sont identiques : C'est la clef secrète, qui doit être connue de tiers communiquants et d'eux seuls. Le procédé de chiffrement est dit symétrique.

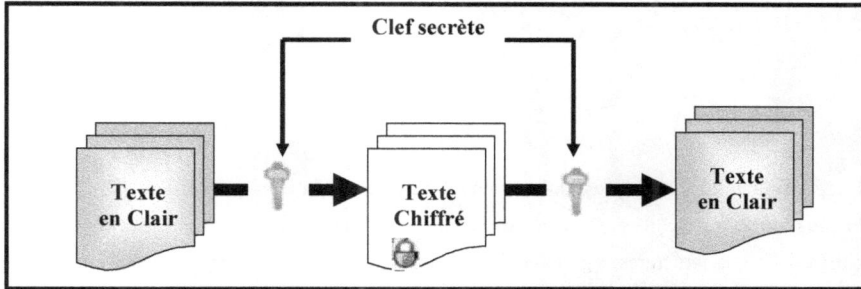

Figure 1.2. Chiffrement symétrique -Principe

Les algorithmes symétriques sont de deux types :

  ✓ Les algorithmes de chiffrement en contenu, qui agissent sur le texte en clair un bit à la fois.
  ✓ Les algorithmes de chiffrement par blocs, qui opèrent sur le texte en clair par groupes de bits appelés blocs.

2.1.1.1. Modes de chiffrement par blocs

Les algorithmes de chiffrement par blocs peuvent être utilisés suivant différents modes, dont les deux principaux sont le mode ECB (Electronic Code Book) et le mode CBC (Cipher Block Chaining).

a. Le mode ECB (Electronic Code book)

Le mode du « carnet de codage électronique » (Electronic Code Book) est la méthode la plus évidente pour utiliser un algorithme de chiffrement par blocs : un bloc du texte en clair se chiffre, indépendamment de tout, en un bloc de texte chiffré .L'avantage de ce mode est qu'il permet le chiffrement en parallèle des différents blocs composant un message.

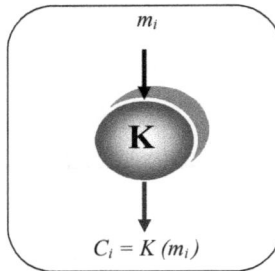

Figure1.3 .Le mode ECB

L'inconvénient de ce mode est qu'un même bloc de texte en clair sera toujours chiffré en un même bloc de texte chiffré .Or, dans le chiffrement sur un réseau par exemple , les données à chiffrer ont des structures régulières facilement repérables par un cryptanalyse ,qui pourra donc obtenir beaucoup d'informations .D'autre part ,un attaquant actif pourra facilement manipuler les messages chiffrés en retirant ou inter changeant des blocs .Un autre inconvénient ,qui s'applique au chiffrement par blocs en général ,est l'amplification d'erreur : si un bit du texte chiffré est modifié pendant le transfert- ,tout le bloc de texte en clair correspondant sera faux.

b. Le mode CBC (Cipher Block Chainaing)

La solution aux problèmes posés par le mode ECB est d'utiliser une technique dite de chaînage ,dans la quelle chaque bloc du cryptogramme dépend non seulement du bloc de texte en clair correspondant ,mais aussi de tous les blocs précédents. En mode de « chiffrement avec chaînage de blocs » (Cipher block chaining) ,chaque bloc de texte en clair est combiné par ou exclusif avec le bloc chiffré précédent avant d'être chiffré .Le premier bloc du texte en clair est ,quant à lui ,combiné avec un bloc appelé vecteur d'initialisation .L'utilisation d'un vecteur d'initialisation différent pour chaque message permet de s'assurer que deux messages identiques (ou dont les premiers blocs sont identiques) donneront des cryptogrammes totalement différents.

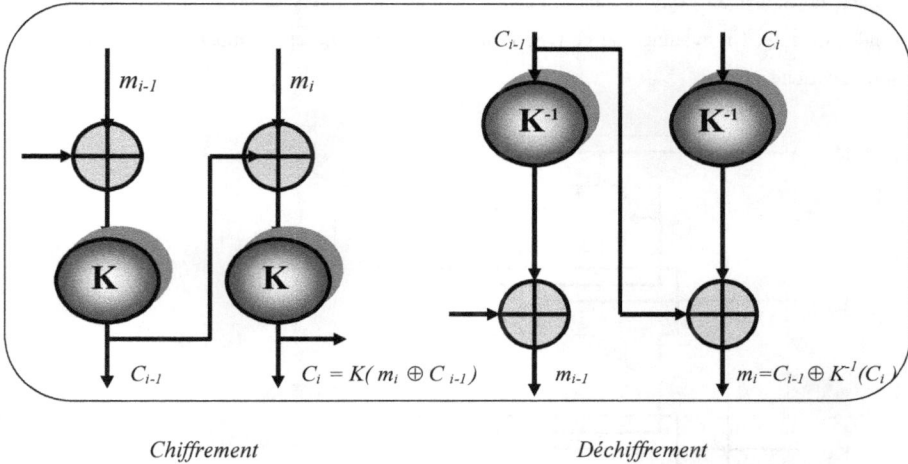

$C_i = K(m_i \oplus C_{i-1})$

$m_i = C_{i-1} \oplus K^{-1}(C_i)$

Chiffrement   *Déchiffrement*

Figure 1.4 .Le mode CBC

Le gros avantage du mode CBC est donc que la structure du texte en clair est masquée par le chaînage. Un attaquant ne peut plus manipuler le cryptogramme, excepté en retirant des blocs au début ou à la fin .Un inconvénient est qu'il n'est plus possible d paralléliser le chiffrement des différents blocs (le déchiffrement reste parallélisable).

On pourrait craindre que le chaînage de bloc n'entraîne une propagation d'erreur importante. De fait, une erreur d'un bit sur le texte en clair affectera tous les blocs chiffrés suivants. Par contre ,si un bit du texte chiffré est modifié au cours du transfert ,seul le bloc de texte en clair correspondant et un bit du bloc de texte en clair suivant seront endommagés : le mode CBC est dit auto-réparateur.

2.1.1.2.Chiffrement par blocs avec itération

Un algorithme de chiffrement par blocs avec itération est un algorithme qui chiffre les blocs par un processus comportant plusieurs rondes .Dans chaque ronde, la même transformation est appliquée au bloc, en utilisant une sous-clef dérivée de la clef de chiffrement .En général, un nombre de rondes plus élevé garantit une meilleure sécurité, au détriment des performances.

Un cas particulier d'algorithmes de chiffrement par blocs avec itération est la famille des chiffres de Feistel .dans un chiffre de Feistel, un bloc de texte en clair est découpé en deux ; la transformation de ronde est appliquée à une des deux moitiés, et le résultat est combiné avec l'autre moitié par ou exclusif .Les deux moitiés sont alors inversées pour l'application de la ronde suivante. Un avantage de ce type d'algorithmes est que chiffrement et déchiffrement sont identiques.

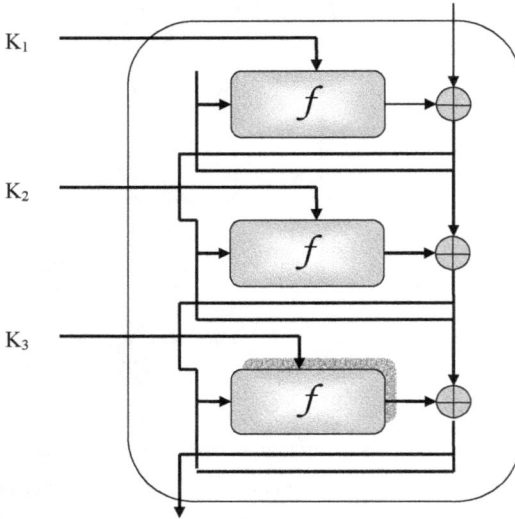

Figure1.5. Principe du chiffre de Feistel

2.1.13. Exemples d'algorithmes symétriques

la méthode la plus employée pour concevoir un procédé de chiffrement est de chercher à réaliser une transformation suffisamment compliquée et irrégulière pour que son analyse soit difficile .Cette méthode empirique ne fournit aucune quant à la résistance de l'algorithme résultant.

Des exemples d'algorithmes asymétriques d'utilisation courante aujourd'hui sont le DES (Data Encryption Standard),le DES triple à deux ou trois clefs ,IDEA (International Data Encryption Algorithme),RC5 (Rivest's Code 5) ,…

A. DES (Data Encryption Standard)

Le gouvernement américain a adopté, en 1977, la fonction DES *(data Encryption Standard)*
Comme algorithme de chiffrement standard officiel.

Le **DES** est un algorithme de chiffrement par blocs qui agit sur des blocs de 64 bits. C'est un chiffre de Feistel à 16 rondes .La longueur de la clef est de 56 bits .Généralement, celle-ci est représentée sous la forme d'un nombre de 64 bits, mais un bit par octet est utilisé pour le contrôle de parité .Les sous-clefs utilisées par chaque ronde ont une longueur de 48 bits.

Au niveau le plus simple, l'algorithme n'est rien d'autre que la combinaison de deux techniques de base du chiffrement : confusion et diffusion .L'élément constitutif du DES est une seule combinaison de ces techniques (une combinaison suivie d'une permutation) appliquée au texte, basé sur la clef .On parlera alors de ronde [1.1].Les DES a 16 rondes, c'est-à-dire qu'il applique 16 fois la même combinaison de technique du bloc de texte en clair (voir figure 1.6).

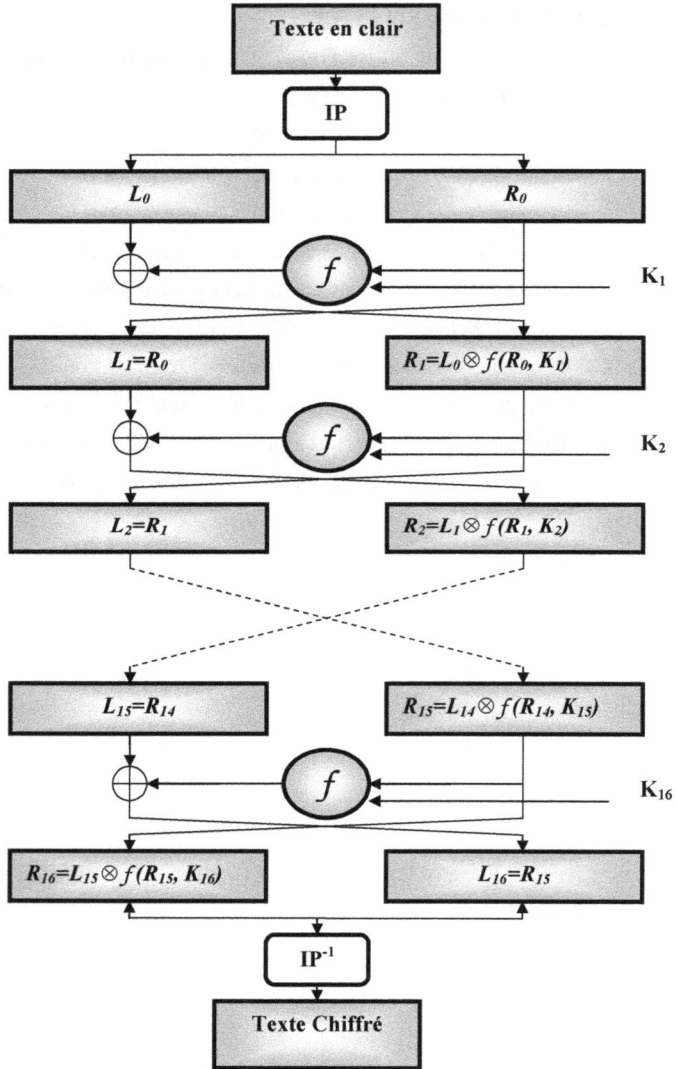

Figure1.6. DES

Le **DES triple** est une variante du DES qui consiste à appliquer l'algorithme trois fois à chaque bloc : chiffrement, déchiffrement puis de nouveau chiffrement .Les clefs utilisées pour

Chaque application du DES peuvent être toutes les trois distinctes, ou bien on peut utiliser seulement deux clefs distinctes : une pour le chiffrement et une pour le déchiffrement. Dans tous les cas, la longueur efficace de la clef du triple DES ne dépasse pas 112 bits.

Un nouvel algorithme, qui vise à remplacer le DES, est en cours de normalisation auprès du NIST *(National Institute of Standards and Technology)* .Il sera désigné sous le sigle AES *(Advanced Encryption Standard)*

B. IDEA *(International Data Encryption Algorithm)*

Un autre algorithme de chiffrement répandu est IDEA (Internal *data Encryption Algorithm)*, qui a vu le jour en 1991.IDEA est un algorithme de chiffrement par blocs avec itération qui utilise une clef de 128 bits et comporte 8 rondes.

2.1.2. Chiffrement asymétrique ou à clef publique

Avec les algorithmes asymétriques, les clefs de chiffrement et de déchiffrement sont distinctes et ne peuvent se déduire l'une de l'autre .On peut donc rendre l'une des deux publique tandis que l'autre reste privée .C'est pourquoi on parle de chiffrement à clef publique. Si la clef publique sert au chiffrement, tout le monde peut chiffrer un message, que seul le propriétaire de la clef privée pourra déchiffrer .On assure ainsi la confidentialité. Certains algorithmes permettant d'utiliser la clef privée pour chiffrer .dans ce cas, n'importe qui pourra déchiffrer, mais seul le possesseur de la clef privée peut chiffrer .Cela permet donc la signature de messages.

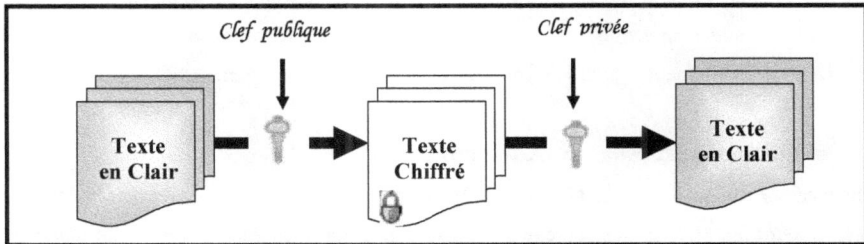

Figure 1.7. Chiffrement asymétrique

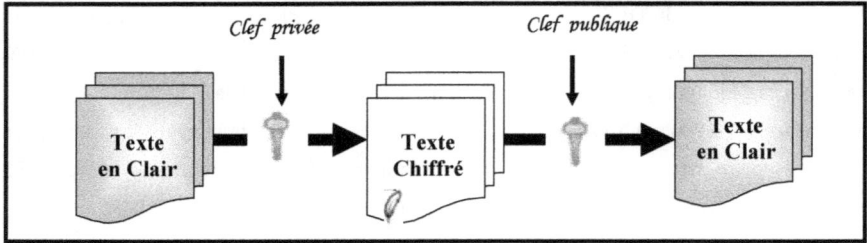

Figure 1.8. Signature

Le concept de cryptographie à clef publique fut inventé par Whitfield Diffie et Martin Hellman en 1976, dans le but de résoudre le problème de distribution des clefs posé par la cryptographie à clef secrète .De nombreux algorithmes permettant de réaliser un cryptosystème à clef publique ont été proposés depuis .ils sont le plus souvent basés sur des problèmes mathématiques difficiles à résoudre ,donc leur sécurité est conditionnée par ces problèmes ,sur lesquels on a maintenant une vaste expertise .mais, si quelqu'un trouve un jour le moyen de simplifier la résolution d'un de ces problèmes ;l'algorithme correspondant s'écroulera.

Nombre des algorithmes proposés pour la cryptographie à clef publique se sont révélés rapidement non sûrs, ou non réalisables sur le plan pratique. Tous les algorithmes actuels présentent l'inconvénient d'être bien plus lents que les algorithmes à clefs secrète ;de ce fait ,ils sont souvent utilisés non pour chiffrer directement des données ,mais pour chiffrer une clef de session secrète .Certains algorithmes asymétriques ne sont adaptés qu'au chiffrement , tandis que d'autres ne permettent que la signature. Seuls trois algorithmes sont utilisables à la fois pour le chiffrement et pour la signature : RSA, ELGamal et Rabin.

a. RSA (Rivest ,Shamir ,Adelman)

Inventé par Rivest, Shamir et Adelman en 1978, RSA permet le chiffrement et la signature .Il est aujourd'hui encore très largement utilisé .Cet algorithme repose sur la difficulté de factoriser des grands nombres.

Voici comment se fait la génération des paries de clefs :

1. On commence par choisir deux grands nombres premiers, p et q et on calcule n=pq. N est rendu public ; p et q doivent rester secrets sont donc détruits une fois les clefs générées.

2. On choisit ensuite aléatoirement une clef publique e telle que e et (p-1)(q-1) soient premiers entre eux.

3. La clef privée d est obtenus grâce à l'algorithme d'Euclide : ed ≡ 1 mod (p-1)(q-1).

Soit m le message en clair et c le cryptogramme .La fonction de chiffrement est ,de façon simplifiée ,m' = m^e mod n (si m est plus grand que n ,il est séparé en morceaux de valeur inférieure à n et chaque morceau est chiffré séparément suivant cette formule).Du fait de la relation entre e et d ,la fonction de déchiffrement correspondante est m=m'^d mod n. la signature se fait de manière similaire ,en inversant e et d ,c'est à dire en chiffrant avec une clef privée et en déchiffrant avec la clef publique correspondante : S=m^d mod n et m= S^e mod n.

Pour un cryptanalyste, retrouver la clef privée à partir de la clef publique nécessite de connaître *(p-1)(q-1)* =*pq-p-q+1=n+1-p-q* ,donc de connaître p et q, pour cela ,il doit factoriser le grand nombre n. Donc n doit être suffisamment grand pour cela ne soit pas possible dans un temps raisonnable par rapport au niveau de sécurité requis. Actuellement ,la longueur du module n varie généralement de 512 à 2048 bits suivant les utilisations .Compte tenu de l'augmentation des vitesses de calcul des ordinateurs et des avancées mathématiques en matière de factorisation des grands nombres .la longueur des clefs doit augmenter au cours du temps.

Clefs		
Clef Publique	*n=pq, ou p et q sont deux grands nombres premiers tenus secrets* *e telle que e et (p-1)(q-1) soient premiers entre eux*	
Clef privée	$d \equiv e^{-1} \; mod \; (p-1) \; (q-1)$	
Algorithmes		
Chiffrement	$m' = m^e \; mod \; n$	**Déchiffrement**	$m= m'^d \; mod \; n$
Signature	$s= m^d \; mod \; n$	**Vérification**	$m= s^e \; mod \; n$

TAB.1.1 .RSA

2.1.3. Cryptographie hybride

C'est une combinaison des meilleures fonctionnalités des deux types de cryptographie précités. La cryptographie hybride consiste à créer d'abord une clé de session qui est une clé secrète à usage unique. Pour le cryptage et le décryptage c'est la clé de session qui est employée par un algorithme symétrique, donnant ainsi une rapidité aux deux processus [1.8].

Comme nous l'avons déjà vu précédemment, la clé secrète doit être transmise. Pour garantir la confidentialité de la clé, la cryptographie hybride utilise un algorithme asymétrique à clé publique pour crypter la clé de session.

Les deux clés associées à l'algorithme à clé publique (la clé publique et la clé privée) sont créées par le propriétaire ou par une autorité à laquelle ce dernier se rattache (entreprise, …).

Par contre la clé de session associée à l'algorithme à clé secrète est soit créée par l'expéditeur aléatoirement, soit par les deux parties en même temps [1.8].

Le décryptage nécessite au destinataire d'avoir une clé privée. Parmi les algorithmes utilisant la cryptographie hybride, il y a PGP (Pretty Good Privacy), GnuPG (GNU Privacy Guard) et SSL (Secure Socket Layer) qui est un protocole plus qu'un algorithme.

La *Figure 1.9.* montre une communication sécurisée entre deux utilisateurs A et B et les phases suivies par la cryptographie hybride, à savoir : A génère la clé secrète K et la crypte avec la clé publique P_{KB} de B. B reçoit de la part de A la forme cryptée de la clé secrète K et la décrypte avec sa clé privée S_{KB}. Une fois cette phase terminée, les deux parties utilisent la clé

secrète pour le cryptage et le décryptage de leurs messages [1.9].

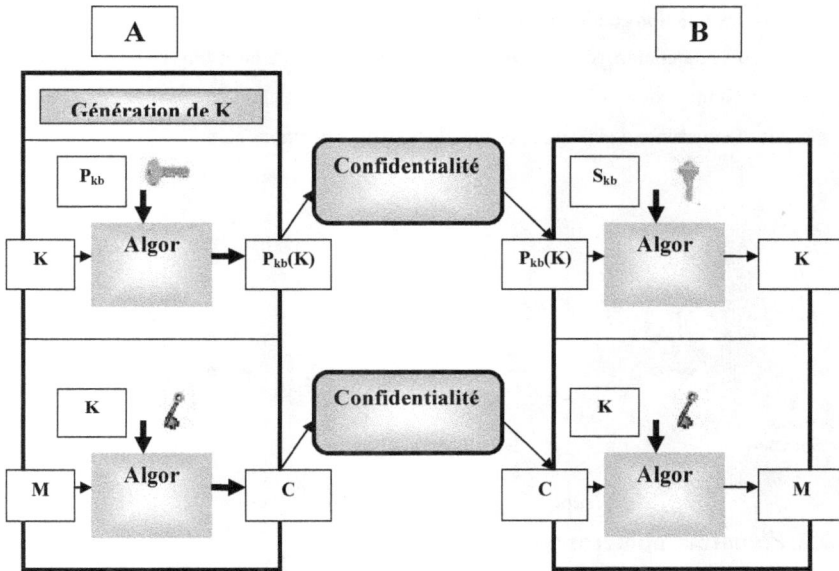

Figure 1.9. Cryptographie hybride

2.2. Fonctions de hachage à sens unique, signature numérique et scellement

2.2.1. Fonctions de hachage à sens unique

Aussi appelée fonction de condensation, une fonction de hachage est une fonction qui convertit une chaîne de longueur quelconque en une chaîne de taille inférieurs et généralement fixe ; la chaîne résultante est appelée empreinte (digest en anglais) ou condensé de la chaîne initiale.

Une fonction à sens unique est une fonction facile à calculer mais difficile à inverser .La cryptographie à clef publique repose sur l'utilisation de fonctions à sens unique à brèche secrète : pour qui connaît le secret (i.e.la clef privée), la fonction devient facile à inverser.

Une fonction de hachage à sens unique est une fonction de hachage qui est en plus une fonction à sens unique : il est aisé de calculer l'empreinte donnée ,et donc de déduire la chaîne initiale à partir de l'empreinte .On demande généralement en plus à une telle fonction d'être sans collision ,c'est à dire qu'il soit impossible de trouver deux messages ayant la même empreinte .on utilise souvent le terme fonction de hachage pour désigner ,en fait ,une fonction de hachage à sens unique sans collision.

La plupart des fonctions de hachage à sens unique sans collision sont construites par itération d'une fonction de compression : le message M est décomposé en n blocs $m_1 \ldots m_n$, puis une fonction de compression f est appliquée à chaque bloc et au résultat de la compression du bloc précédent ; l'empreinte $h(M)$ est le résultat de la dernière compression.

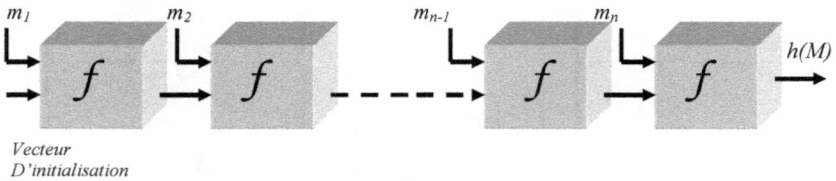

Figure 1.10. Fonction de hachage itérative

2.2.2. Signature numérique

La norme [ISO 7498-2] définit la signature numérique [1.5] comme des « données ajoutées à une unité de données, ou transformation cryptographique d'une unité de données, permettant à un destinataire de prouver la source et l'intégrité de l'unité de données et protégeant contre la contrefaçon (par le destinataire, par exemple) ». La mention « protégeant contre la contrefaçon « implique que seul l'expéditeur doit être capable de générer la signature.

Une signature numérique fournit donc les services d'authentification de l'origine des données ,d'intégrité des données et de non-répudiation .Ce dernier point la différencie des codes d'authentification de message ,et a pour conséquence que la plupart des algorithmes de signature utilisent la cryptographie à clef publique.

Sur le plan conceptuel, la façon la plus simple de signer un message consiste à chiffrer celui-ci à l 'aide d'une clef privée : seul le possesseur de cette clef est capable de générer la signature, mais toute personne ayant accès à la clef publique correspondante peut la vérifier. Dans la pratique, cette méthode est peu utilisée du fait de sa lenteur.

Une autre méthode utilisée pour signer consiste à calculer une empreinte du message à signer et à ne chiffrer que cette empreinte .Le canal d'une empreinte par application d'une fonction de hachage étant rapide et la quantité de données à chiffrer étant fortement réduite, cette solution est bien plus rapide que le précédente.

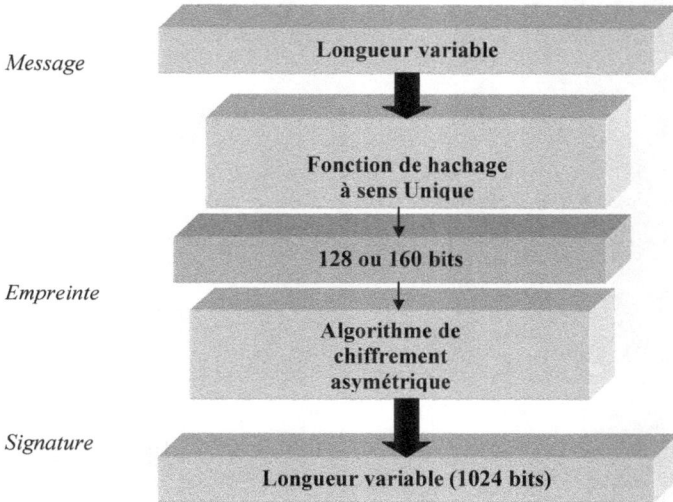

Figure 1.11. Signature

2.2.3. Scellement

Tout comme la signature numérique, le scellement fournit les services d'authentification de l'origine des données et d'intégrité des données, mais il ne fournit pas la non-répudiation.

Ceci permet l'utilisation de la cryptographie à clef secrète pour la génération [1.6] du sceau *ou code d'authentification de message.*

Un code d'authentification de message (Message Authentication Code, MAC) est le résultat d'une fonction de hachage à sens unique dépendant d'une clef secrète : l'empreinte dépend à la fois de l'entrée et de la clef .On peut construire un MAC) à partir d'une fonction de hachage ou d'un algorithme de chiffrement par blocs .Il existe aussi des fonctions spécialement conçues pour faire un MAC.

Une façon courante d'authentification de message consiste à appliquer un algorithme de chiffrement symétrique en mode CBC au message ; le MAC est le dernier bloc du cryptogramme.

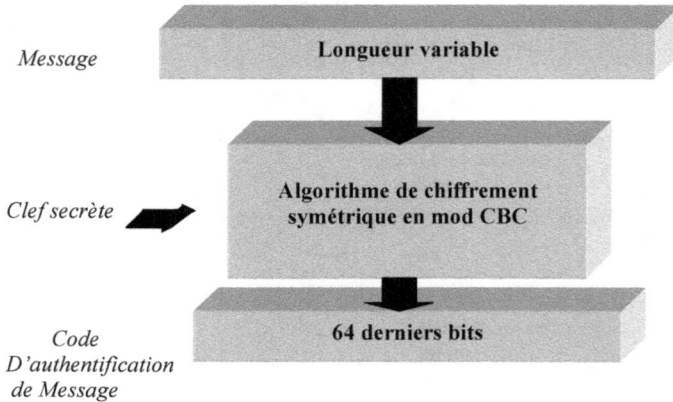

Figure 1.12. Scellement à l'aide d'un algorithme de chiffrement symétrique

Un moyen simple de transformer une fonction de hachage à sens unique en un MAC consiste à chiffrer l'empreinte avec un algorithme à clef secrète. Une autre méthode consiste à appliquer la fonction de hachage non pas simplement aux données à protéger, mais à un ensemble dépendant à la fois des données et d 'un secret.

2.4. Protocoles Cryptographiques

Tout comme les protocoles de communication, [1.7] les protocoles cryptographiques sont une série d'étapes prédéfinies, basées sur un langage commun, qui permettent à plusieurs participants (généralement deux) d'accomplir une tache .Dans le cas des protocoles cryptographiques, les taches en question sont bien sûr liées à la cryptographie : ce peut être une authentification, un échange de clef,.. Une particularité des protocoles cryptographiques est que les tiers en présence ne se font généralement pas confiance et que le protocole a donc pour but d'empêcher l'espionnage et la tricherie.

3. Conclusion

Aujourd'hui seules les méthodes modernes de cryptographie sont utilisées .Mais les méthodes classiques ne sont pas oubliées.

Actuellement, les meilleurs systèmes combinent un chiffrement à clef privée, rapide, dont la clef, pseudo-aléatoire changée pour chaque message, est transmise de manière sûr après chiffrement par RSA.

Mais le futur repose peut-être sur le chiffrement quantique, né au début des années 1970 .Il repose sur le principe d'incertitude d'Heisenberg, selon lequel la mesure d'un système quantique perturbe ce système .Il serait alors possible de transmettre une clé en étant sûr qu'elle n'a pas été « écoutée », et de l'utiliser ensuite avec un chiffrement habituel.

Chapitre 2

Le Crypto système RSA

1. Introduction

La cryptographie conventionnelle, appelée aujourd'hui cryptographie symétrique ou cryptographie à clef secrète n'a assure la sécurité des données que s'il existe un canal physiquement sûr permettant d'échanger préalablement la clef .Pour contourner ce problème d'échange des clefs, une autre technique dite cryptographie asymétrique ou cryptographie à clef publique a été développée. Dans ce cas ,chaque utilisateur possède une paire de clefs :une clef est réservée à son destinataire et doit rester secrète quoi qu'il arrive et l'autre est destinée à être distribuée aux correspondants du détendeur de la clef privée.

Le RSA a été inventé par Rivest, Shamir et Adleman. C'est l'exemple le plus courant de cryptographie asymétrique ,toujours considéré comme sûr ,avec la technologie actuelle ,pour des clés suffisamment grosses (1024 ,2048 ,4096 bits).D'ailleurs le RSA 128 (algorithme avec des clés de 128 bits), proposé par Rivest ,Shamir et Adleman, n'a été « cassé » qu'en 1996 . Mais le concept de chiffrement asymétrique avec une clef publique était légèrement antérieur (1976). L'idée générale était de trouver deux fonctions f et g sur les entiers ,telles que $fog = Id$,et telle que l'on ne puisse pas trouver f ,la fonction de décryptage ,à partir de g ,la fonction de cryptage .L'on peut alors rendre publique la fonction g (ou clef) ,qui permettra aux autres de crypter le message à envoyer ,tout en étant les seuls à connaître f ,donc à pouvoir décrypter .

2. L'algorithme RSA

La procédure de chiffrement du cryptosystème RSA consiste à découper le texte ou les données à coder en blocs. Chaque bloc sera en une suite de chiffres qui forme le paramètre d'entrée de la fonction de chiffrement. [2.1] Il faut bien vérifier que les chiffres obtenus ne sont pas susceptibles d'être supérieur à N.

Le modulo N doit être le produit de deux entiers premiers p et q.

$$N=pq$$

Et la fonction d'Euler est définie par :

$$\Phi(N)= (p-1)\ (q-1)$$

Nous choisissons alors, un entier e $\in\ ]2,\ \Phi(N)$-$1[premiers$ avec N. Ensuite nous déterminons l'entier d vérifiant

$$ed =1\ mod\ \Phi\ (N)$$

Ainsi la clef publique est (e,N) et la clef privée est (d ,N).

La fonction de chiffrement est une fonction à sens unique et à trappe .Elle sera appliquée à chaque bloc M du texte clair pour obtenir le bloc crypté M' correspondant :

$$M'=M^{e}\ mod\ N$$

Puisque l'inversion de la fonction à sens unique à trappe est très difficile, nous faisons correspondre le déchiffrement à de telles procédures .Le décodage se base donc sur la trappe constituée de la clef privée d pour obtenir les blocs d'origine qui peuvent être assemblés et exploités :

$$M= (M')^{d}mod\ N$$

Le cryptosystème est de très haut niveau de sécurité son inconvénient réside dans sa lenteur d'exécution qui est due à l'exponentiation des grands nombres au niveau de déchiffrement.

2.1. Description de l'algorithme

Chacune des deux parties souhaitant communiquer doit d'abord créer un trousseau comportant la clé publique, notée *(e, n)* et la clé privée, notée *(d, n)*. Elles peuvent ensuite chiffrer leurs messages par l'opération $m' = (m^{\,e})\ mod\ n$, et inversement les déchiffrer par l'opération $m = (m'^{\,d})\ mod\ n$. On appelle *n* le produit de deux nombres premiers. Pour que tout cela fonctionne il faut bien sûr qu'un lien mathématique unisse *e*, *d*, et *n*: c'est la fameuse relation *ed mod φ(n) = 1*, que l'on va tenter d'expliquer , pas à pas, les rouages de l'algorithme.

Voilà comment s'opère la création du trousseau de clés:

A. En premier lieu on choisit au hasard deux nombres premiers *p* et *q* puis on calcule leur produit *n,* après nous choisirons par exemple deux petites valeurs pour simplifier les choses. On trouve ainsi

$$p = 13 \text{ et } q = 17. \text{ D'où}$$

$$n = p \times q = 221.$$

B. On prend maintenant un nombre *e* au hasard tel que *e* soit premier avec *(p - 1) (q - 1)*, qui représente l'indicateur d'Euler de *n*, autrement dit la fonction *φ(n)* qui donne le nombre d'entiers compris entre 1 et *n* ne partageant pas de dénominateurs communs avec *n*.

Pour cela on calcule le PGCD (plus grand diviseur commun) entre *φ(n)* et un nombre quelconque inférieur à *φ(n)* : ce nombre sera *e* lorsque le PGCD sera égal à 1. Le PGCD peut s'obtenir suivant l'algorithme d'Euclide: on effectue une série de divisions euclidiennes (i.e. à reste) chaînées, c'est à dire en remplaçant à chaque fois le diviseur par le reste de la dernière division et le dividende par le diviseur de la dernière division. Lorsque le reste est nul, le dernier diviseur est le PGCD.

Donc, dans notre exemple,

φ(n) = (p - 1) (q - 1) = (13 - 1) × (17 - 1) = 192

On prend un nombre quelconque inférieur à *φ(n)* tel que le PGCD entre 192 et ce nombre soit égal à 1, on trouve que le nombre *89* vérifie cette égalité, on choisit donc *e = 89.*

C. Enfin, on calcule le nombre d tel que ed et φ(n) soient premiers entre eux, soit que *ed mod φ(n) = 1*, c'est cette relation qui relie la clé publique à la clé privée. D'après le théorème de Bezout, deux entiers relatifs sont premiers entre eux s'il existe un couple d'entiers relatifs x et y (appelés coefficients de Bezout) tels que *ax + by = 1*. Grâce à l'algorithme étendu d'Euclide, on peut calculer ces coefficients.

Nous allons donc devoir résoudre l'équation *ed + φ(n) a = 1*, soit *89d + 192a = 1* (où *d* et *a* sont les coefficients de Bezout de l'équation).

Avec l'algorithme d'Euclide on peut décomposer le quotient 192/89 en une suite de divisions entières:

```
n=1   192  =  89  ×  2  +  14   <=>   14  =  192  -  89  ×  2
n=2   89   =  14  ×  6  +  5    <=>   5   =  89   -  6   ×  14
n=3   14   =  5   ×  2  +  4    <=>   4   =  14   -  5   ×  2
n=4   5    =  4   ×  1  +  1    <=>   1   =  5    -  4   ×  1
n=5   4    =  1   ×  4  +  0    <=>   0   =  4    -  1   ×  4
```

Sur l'avant-dernière ligne qui correspond au PGCD, on a un reste égal à 1, car 192 et 89 sont premiers entre eux. On remarque d'autre part que le terme tout à la droite de chaque ligne correspond au reste de la division de la ligne précédente, et que le terme juste à gauche correspond au reste de la division deux lignes plus haut.

Réécrivons nos équations en faisant la somme des restes successifs:

```
n=1   14 = 192 - 89 × 2 = 192 - 2 × 89
n=2   5 = 89 - 6 × 14 = 89 - 6 × (192 - 2 × 89) = - 6 × 192 + 13 × 89
n=3   4 = 14 - 5 × 2 = (192 - 2 × 89) - 2×(- 6 × 192 + 13 × 89) = 13 × 192 - 28 × 89
n=4   1 = 5 - 4 × 1 = (- 6 × 192 + 13 × 89) - (13 × 192 - 28 × 89) = - 19 × 192 + 41 × 89
```

On obtient ainsi: *-19 × 192 + 41 × 89 = 1*, d'où a = -19 et surtout d = 41.

On a donc désormais notre paire de clés. La clé publique est *(e , n)* soit *(89, 221)* , et la clé privée *(d , n)* soit *(41 , 221)*.

Supposons que l'on veuille maintenant chiffrer le message **"Mémoire de Mastère"** à l'aide de la clé publique. La première chose à faire est de prendre la valeur décimale dans la table

ASCII (table d'encodage des caractères utilisée par les ordinateurs) de chaque caractère afin d'obtenir une suite de chiffres qui sera notre message *m*.

$$m = 7723310911110511410132100101327797115116\ 232114101$$

On découpe ensuite le message en blocs comportant moins de chiffres que *n*, soit des blocs de 2 chiffres.

m = 77 23 31 09 11 11 05 11 41 01 32 10 01 01 32 77 97 11 51 16 23 21 14 10 01

On applique maintenant notre formule de chiffrement sur chacun des blocs pour crypter le message, et avec la formule de déchiffrement on peut retrouver le message original:

$m' = (m^e)\ mod\ n$	$m = (m'^{\,d})\ mod\ n$
$(77^{89})\ mod\ 221 = 77$	$(77^{41})\ mod\ 221 = 77$
$(23^{89})\ mod\ 221 = 147$	$(147^{41})\ mod\ 221 = 23$
$(31^{89})\ mod\ 221 = 122$	$(122^{41})\ mod\ 221 = 31$
$(09^{89})\ mod\ 221 = 94$	$(94^{41})\ mod\ 221 = 09$
$(11^{89})\ mod\ 221 = 176$	$(176^{41})\ mod\ 221 = 11$
$(11^{89})\ mod\ 221 = 176$	$(176^{41})\ mod\ 221 = 11$
$(05^{89})\ mod\ 221 = 148$	$(148^{41})\ mod\ 221 = 05$
$(11^{89})\ mod\ 221 = 176$	$(176^{41})\ mod\ 221 = 11$
$(41^{89})\ mod\ 221 = 214$	$(214^{41})\ mod\ 221 = 11$
$(01^{89})\ mod\ 221 = 1$	$(01^{41})\ mod\ 221 = 01$
$(32^{89})\ mod\ 221 = 15$	$(15^{41})\ mod\ 221 = 32$
$(10^{89})\ mod\ 221 = 160$	$(160^{41})\ mod\ 221 = 10$
$(01^{89})\ mod\ 221 = 1$	$(01^{41})\ mod\ 221 = 01$
$(01^{89})\ mod\ 221 = 1$	$(01^{41})\ mod\ 221 = 01$
$(32^{89})\ mod\ 221 = 15$	$(15^{41})\ mod\ 221 = 32$
$(77^{89})\ mod\ 221 = 77$	$(77^{41})\ mod\ 221 = 77$
$(97^{89})\ mod\ 221 = 158$	$(158^{41})\ mod\ 221 = 97$
$(11^{89})\ mod\ 221 = 176$	$(176^{41})\ mod\ 221 = 11$
$(51^{89})\ mod\ 221 = 51$	$(51^{41})\ mod\ 221 = 51$
$(16^{89})\ mod\ 221 = 152$	$(152^{41})\ mod\ 221 = 16$
$(10^{89})\ mod\ 221 = 160$	$(160^{41})\ mod\ 221 = 10$
$(23^{89})\ mod\ 221 = 147$	$(147^{41})\ mod\ 221 = 23$
$(21^{89})\ mod\ 221 = 21$	$(21^{41})\ mod\ 221 = 21$
$(14^{89})\ mod\ 221 = 105$	$(105^{41})\ mod\ 221 = 14$
$(10^{89})\ mod\ 221 = 160$	$(160^{41})\ mod\ 221 = 10$
$(01^{89})\ mod\ 221 = 105$	$(01^{41})\ mod\ 221 = 01$

TAB.2.1.exemple de chiffrement avec l'algorithme de cryptographie RSA

Certaines similitudes subsistent entre m et m', du fait de la faible taille de n.

On obtient au final le message codé

m'= 77 *147 122 94 176 176 148 176 214 1 15 160 1 1 15 77 158 176 51 152 160 147 21 105 160 105*

2.2. L'utilisation de l'algorithme RSA

L'algorithme RSA est largement utilisé dans l'informatique, notamment pour les transferts sécurisés sur Internet. Par exemple, pour publier les pages d'un site web nous avons eu recours à un service appelé SSH, un protocole d'administration à distance, fonctionnant sur un canal de communication chiffré asymétriquement. Après avoir généré une paire de clés en local sur notre ordinateur, nous avons copié la clé publique sur le serveur, nous permettant ainsi de nous authentifier à distance pour transférer nos fichiers.

Une autre application de RSA s'appelle PGP. Il s'agit d'un programme qui, utilisé en complément à un logiciel de messagerie, permet de signer et d'envoyer des messages chiffrés. La signature est produite à partir d'un algorithme dit de condensé, elle permet de certifier la provenance du message. Les messages sont donc signés puis chiffrés avec la clé publique du récipiendaire puis transmis à ce dernier accompagnés de la clé publique de l'expéditeur, servant à répondre de la même façon.

Enfin, RSA est utilisé dans les systèmes d'authentification de cartes bancaires, appelés TPE ou terminaux de paiement. Pour déterminer si la carte introduite est valide, le TPE prélève des informations dessus, telles que nom et date de validation, chiffrées par $m' = (m^d) \bmod n$, et avec un calcul $m = (m'^e) \bmod n$ vérifie que m' est correct, sans quoi la carte est refusée. Serge Humpich a démontré qu'il était possible de falsifier une carte bleue et de l'utiliser dans un TPE sans en connaître le code secret, en connaissant simplement la valeur de d pour outrepasser le système d'authentification: pour réaliser cette prouesse Humpich s'est appuyé sur le fait que la taille de n ne faisait que 302 bits, et a pu, en factorisant n et connaissant e, retrouver d. Depuis cet incident les constructeurs ont adopté un module n de 768 bits, rendant plus difficile la factorisation.

2.3. Mise en œuvre pratique de RSA

Même si le protocole de RSA est assez simple, sa mise en œuvre pose toute-fois quelques problèmes à l'émetteur, notamment la construction de deux « gros » nombres premiers (p et q), ainsi que le la détermination du couple (d,e). Enfin, les deux protagonistes se trouvent confrontés au problème d'élever de façon efficace un « gros » nombre à une « grosse » puissance, modulo n.

Nous ne parlerons pas ici du problème de la génération de « gros » nombres premiers, problème assez complexe.

2.3.1. Inversion modulo Φ

En réalité, le destinataire peut choisir sa première clef d de façon arbitraire. D doit simplement être premier à Φ. Mais une telle condition est assez facile à satisfaire, et encore plus vérifier :il lui suffit de prendre un nombre au hasard ,d'utiliser L'algorithme d'Euclide pour savoir s'il est premier à Φ ,et de recommencer si tel n'est pas le cas .Statistiquement ,le destinataire doit ainsi trouver assez rapidement un nombre d premier à Φ .

Il doit ensuite trouver un inverse de d modulo Φ, c'est à dire un entier e tel que :

$$de \equiv 1[\Phi], \text{ c'est-à-dire } de=1+k\,\Phi \text{ (k entier)}.$$

Mais on reconnaît dans la relation précédente ni plus ni mois qu'une relation de Bezout entre d et Φ. La méthode la plus classique pour ceci est ce que l'on appelle algorithme d'Euclide étendu, ou algorithme de Bezout .Il s'agit de « remonter »dans l'algorithme d'Euclide appliquée à Φ et d pour trouver cette relation :

Supposons que l'algorithme de Bezout mène à la suite de divisions euclidiennes successives :

$$\Phi = q_1 d + r_1$$
$$d = q_2 r_1 + r_2$$
$$\vdots$$
$$r_{n-2} = q_n r_{n-1} + r_n$$

où r_n ,dernier reste non nul ,est ici égal à 1 puisque Φ et d sont premiers entre eux.

Alors on va partir de la dernière équation pour écrire :

$$1 = r_{n-2} - q_n r_{n-1}$$

dans laquelle on peut remplacer r_{n-1} par l'expression $r_{n-3} - q_{n-1} r_{n-2}$ (on utilise ici l'avant dernière division euclidienne).On a ainsi obtenu une relation de Bezout entre r_{n-2} et r_{n-3}.

.Il suffit alors de continuer le procédé en remplaçant r_{n-2} à l'aide de l'antépénultième division euclidienne.

On obtient ainsi de proche en proche des relations de Bezout pour les couples d'entiers (r_{n-1}, r_n), puis (r_{n-2}, r_{n-1}),... et à la fin (Φ, d)

2.3.2. Sécurité de RSA

Les attaques actuelles du RSA se font essentiellement en factorisant l'entier n de la clé publique. [2.3] La sécurité du RSA repose donc sur la difficulté de factoriser de grands entiers .Le record établi en 1999, avec l'algorithme le plus performant et des moyens matériels considérables, est la factorisation d'un entier à 155 chiffres (soit une clé de 512 bits, 2512 étant proche de 10155). Il faut donc, pour garantir une certaine sécurité, choisir des clés plus grands : Les experts recommandent des clés de 768 bits pour un usage privé, et des clés de 1024, voire 2048 bits, pour un usage sensible. Si l'on admet que la puissance des ordinateurs double tous les 18 mois (loi de Moore), une clé de 2048 bits devrait tenir jusque vers ...2079.

Quoique...Il n'est pas interdit de penser que cela est illusoire .D'abord, les algorithmes de factorisation vont probablement être améliorés .Ensuite, rien ne dit que casser le RSA est aussi difficile que de factoriser n. Il existe peut-être un autre moyen d'inverser la clé publique sans passer par la factorisation de n. En particulier, une mauvaise utilisation de la cryptographie RSA (choix d'un exposant e trop petit,...) la rend particulièrement vulnérable.

Enfin, les progrès de la physique vont peut-être sonner le glas de la cryptographie mathématique. Il a été défini, du mois en théorie, un modèle d'ordinateurs quantiques n'en sont encore qu'à leurs prémices, et leur record (automne 2001) est la factorisation de $15 = 3 \times 5$! De nombreux physiciens doutent d'ailleurs de la réalisabilité d'un tel ordinateur.

2.3.3. La multiplication modulo N

On sait que pour chiffrer un message avec l'algorithme de cryptographie RSA en applique $M' = M^e \bmod N$ et cela se fait par une série de multiplications et de divisions, mais il existe des techniques pour effectuer cela efficacement, une de ces technique consiste à minimiser le nombre de multiplications modulo N, une autre consiste à optimiser le calcul de la multiplication modulo N. Comme l'arithmétique modulo N est distributive, il est plus efficace d'entre-lancer les multiplications avec des réductions modulo N à chaque étape intermédiaire.[2.2] Par exemple pour calculer

$M^8 \bmod n$ n'utilisez pas l'approche simpliste qui consiste à effectuer 7 multiplications suivies d'une coûteuse réduction modulo finale:

$$(M \times M \times M \times M \times M \times M \times M \times M) \bmod n$$

Il est plus avantageux d'effectuer 3 multiplications plus petites ainsi que 3 réductions modulo N également plus petits :

$$((M^2 \bmod n)^2 \bmod n)^2 \bmod n$$

La même technique appliquée à une puissance 16 donne :

$$M^{16} \bmod n = (((M^2 \bmod n)^2 \bmod n)^2 \bmod n)^2 \bmod n .$$

Calculer $M^x \bmod n$ quand x n'est pas une puissance de 2 n'est pas qu'un tout petit peu plus difficile .illustrons cela pour x =25 .la première étape consiste à représenter x en notation binaire (c'est-à-dire, comme une puissance de 2) .La représentation binaire de 25 est 11001 et donc $2^5 = 2^4 + 2^3 + 2^0$. Ensuite, quelques transformations élémentaires donnent :

$$M^{25} \bmod n$$
$$= (M \times M^8 \times M^{16}) \bmod n$$
$$= (M \times ((M^2)^2) \times (((M^2)^2)^2)^2) \bmod n$$
$$= ((((M^2 \times M)^2)^2)^2 \times M) \bmod n$$

Par un arrangement judicieux de la mémorisation des résultats intermédiaires, il y a moyen de n'effectuer que 6 multiplications :

$$(((((((M^2 \bmod n) \times M) \bmod n)^2 \bmod n)^2 \bmod n)^2 \bmod n) \times M) \bmod n$$

Cette technique de calcul s'appelle la sommation en chaîne, elle utilise une suite d'additions simple et évidente qui est basée sur la représentation binaire.

Si k est le nombre de bits de exposent x, la technique précédente nécessite, en moyenne ,1.5 x k opérations .Trouver la suite d'opérations la plus courte possible est un problème difficile (il a été prouvé qu'une telle suite contient au moins *k-1* opérations), mais il n'est pas trop difficile de ramener le nombre d'opérations à *1.1 x k* ou mieux encore quand k est grand.

Il est possible de calculer efficacement des réductions modulo n en utilisant toujours le même n avec la méthode de Montgomery .Une autre méthode est l'algorithme de Barrett, ce dernier est le meilleur pour des petites arguments, et la méthode de Montgomery est la meilleur pour le calcul de puissance modulo n en général, ce pour cette raison nous avons choisis l'algorithme de Montgomery pour chiffrer et déchiffrer des messages dans notre application.

2.3.4. Vitesse de l'algorithme RSA

A sa vitesse maximum, le RSA est environ 1000 fois plus lent que le DES .La réalisation matérielle VLSI la plus rapide du RSA avec un module de 512 bits a un débit de 64 kilo-bits par seconde .Il existe aussi des puces qui effectuent le chiffrement RSA à 1024 bits .Actuellement, des puces qui approcheraient le million de bits par seconde avec un module de

Il est plus avantageux d'effectuer 3 multiplications plus petites ainsi que 3 réductions modulo N également plus petits :

$$((M^2 \ mod \ n)^2 \ mod \ n \ )^2 \ mod \ n$$

La même technique appliquée à une puissance 16 donne :

$$M^{16} \ mod \ n = (((M^2 \ mod \ n)^2 \ mod \ n)^2 \ mod \ n)^2 \ mod \ n .$$

Calculer $M^x \ mod \ n$ quand x n'est pas une puissance de 2 n'est pas qu'un tout petit peu plus difficile .illustrons cela pour x =25 .la première étape consiste à représenter x en notation binaire (c'est-à-dire, comme une puissance de 2) .La représentation binaire de 25 est 11001 et donc $2^5 = 2^4 + 2^3 + 2^0$. Ensuite, quelques transformations élémentaires donnent :

$$M^{25} \ mod \ n$$
$$= (M \ x \ M^8 \ x \ M^{16}) \ mod \ n$$
$$= (M \ x \ ((M^2)^2) \ x \ (((M^2)^2)^2)^2) \ mod \ n$$
$$= ((((M^2 \ x \ M)^2)^2)^2 \ x \ M) \ mod \ n$$

Par un arrangement judicieux de la mémorisation des résultats intermédiaires, il y a moyen de n'effectuer que 6 multiplications :

$$(((((((M^2 \ mod \ n) \ x \ M) \ mod \ n)^2 \ mod \ n)^2 \ mod \ n)^2 \ mod \ n \ ) \ x \ M) \ mod \ n$$

Cette technique de calcul s'appelle la sommation en chaîne, elle utilise une suite d'additions simple et évidente qui est basée sur la représentation binaire.

Si k est le nombre de bits de exposent x, la technique précédente nécessite, en moyenne ,1.5 x k opérations .Trouver la suite d'opérations la plus courte possible est un problème difficile (il a été prouvé qu'une telle suite contient au moins *k-1* opérations), mais il n'est pas trop difficile de ramener le nombre d'opérations à *1.1 x k* ou mieux encore quand k est grand.

Il est possible de calculer efficacement des réductions modulo n en utilisant toujours le même n avec la méthode de Montgomery .Une autre méthode est l'algorithme de Barrett, ce dernier est le meilleur pour des petites arguments, et la méthode de Montgomery est la meilleur pour le calcule de puissance modulo n en général, ce pour cette raison nous avons choisis l'algorithme de Montgomery pour chiffrer et déchiffrer des messages dans notre application.

2.3.4. Vitesse de l'algorithme RSA

A sa vitesse maximum, le RSA est environ 1000 fois plus lent que le DES .La réalisation matérielle VLSI la plus rapide du RSA avec un module de 512 bits a un débit de 64 kilo-bits par seconde .Il existe aussi des puces qui effectuent le chiffrement RSA à 1024 bits .Actuellement, des puces qui approcheraient le million de bits par seconde avec un module de

512 bits sont prévues, elles devraient être disponibles en 1995. Certains fabricants ont réalisé le RSA dans les cartes à puces ; ces réalisations sont plus lentes[2.4].

En logiciel ,le DES est environ 100 fois plus rapide que le RSA à cause des puissances modulaires, qui demande beaucoup de calculs .Ces nombres pourraient changer légèrement avec les changements de technologie mais le RSA n'approchera jamais la vitesse des algorithmes à clef secrète. Le tableau *TAB.2.2* Compare les vitesses de quelques réalisations logicielles de RSA.

	512 bits	768 bits	1024 bits
Chiffrement	0.03 s	0.05 s	0.08 s
Déchiffrement	0.16 s	0.48 s	0.93 s
Signature	0.16 s	0.52 s	0.97 s
Vérification	0.02 s	0.07 s	0.08 s

TAB.2.2. Vitesse de RSA pour différentes longueur de module
(sur une station SPARC II)

3. Conclusion

Pour conclure, le RSA est un système très performant mais également très lent c'est pourquoi le RSA est utilisé pour des informations extrêmement précieuses Les systèmes à clé publique, RSA entre autres, sont les systèmes cryptographiques les plus utilisés de nos jours, en raison de leur fiabilité. Le seul point à respecter pour assurer cette dernière est de choisir des nombres premiers assez grands pour que leur produit ne puisse pas être factorisé. La difficulté de factorisation de grands nombres entiers n'est cependant qu'un problème supposé, et il n'est pas exclu, qu'un jour, des algorithmes très rapides puissent le résoudre.

Chapitre 3

L'architecture de l'implantation de l'algorithme de cryptographie RSA

1. Introduction

Les opérations de chiffrage et de déchiffrage de la plupart des systèmes de cryptographie à clés publiques sont basées sur l'arithmétique modulaire. A titre d'exemple, la performance d'un système comme le RSA est déterminée par l'opération de produit modulaire.

Par conséquent, les opérateurs arithmétiques modulaires demandent des méthodes spécifiques de calcul, et une implémentation efficace en matériel pour garantir les performances du système .Pour réaliser la multiplication modulaire, il existe plusieurs algorithmes dont le plus connu et l'un des plus efficaces est celui de Montgomery [3.1].

L'objectif de ce travail est la modélisation et l'implantation sur un circuit programmable de type FPGAs l'algorithme de cryptographie RSA en se basant sur l'algorithme de Montgomery et sur l'exponentiation modulaire pour garantir la performance matérielle.

2. L'algorithme de Montgomery

Avant de décrire cet algorithme en détails, il est préférable de commencer par présenter l'algorithme de cryptographie RSA.

2.1. Processus de chiffrage de l'algorithme RSA

Suite à la génération de clés, le principe d'utilisation du RSA est simple, et souligne l'importance de l'exponentiation modulaire, et par conséquent, la multiplication modulaire.

Supposant qu'un utilisateur désire envoyer un message M à une personne, il lui suffit de se procurer de la clé publique (n, e) de cette dernière, puis, il calcule le message chiffré c :

Avec: m : message en clair.

c : message chiffré

n : produit de deux nombres premiers.

e, d : clé publique, clé privé.

$$c = m^e \ mod \ (n)$$

L'expéditeur envoie ensuite le message chiffré c au destinateur, qui est capable de le déchiffrer à l'aide de sa clé privée (n, d)

$$m = c^d \ mod \ (n)$$

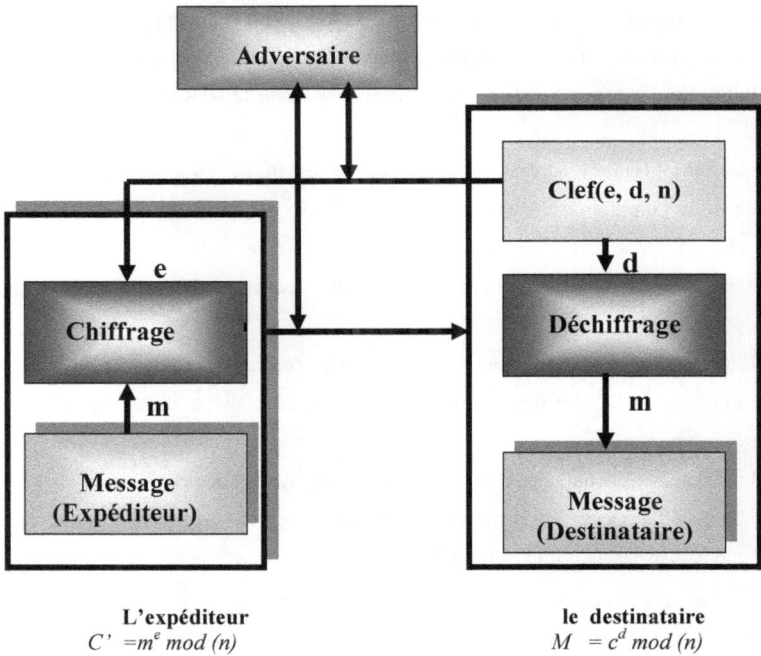

L'expéditeur   le destinataire
$C' = m^e \ mod \ (n)$ $M = c^d \ mod \ (n)$

Figure .3.1.Exemple de chiffrage RSA

La Figure 3.1. illustre le processus de chiffrage et déchiffrage du cryptosystème RSA. Comme on le constate, les opérations de chiffrage et déchiffrage sont des opérations d'exponentiation modulaire qui sont une succession de produits modulaires, qui détermineront par la suite la performance du système. Par conséquent, comme l'algorithme de Montgomery réalise la multiplication modulaire de façon performante, et il est facilement adaptable à des implémentations matérielles.

2.2. Description de l'algorithme de Montgomery

En 1985 Peter Montgomery a publié ses études sur une façon de calculer le produit modulaire sans avoir besoin de réaliser la division par le module. Cette caractéristique facilite l'implémentation matérielle, puisque La multiplication modulaire est généralement considérée comme opération arithmétique compliquée en raison de l'inhérente opération de la multiplication et de la division, donc c'est une opération trop coûteuse du point de vue surface d'implantation.

Il y a deux approches pour calculer la multiplication modulaire: La première réalise l'opération de modulo après la multiplication et la deuxième pendant la multiplication. L'opération de modulo est accomplie par la division de nombre entier dans laquelle seulement le reste est nécessaire pour l'avantage de calcul.

L'algorithme de la multiplication modulaire ordinaire pour le calcul de (A x B mod M) prend la méthode normale de la multiplication qui accumule les digits des produits A x bi et réduire l'imbrication modulaire pour garder le résultat. Ces réductions sont réalisées en soustrayant le multiple correct du module du résultat intermédiaire. Cette réduction dépend du bit le plus significatif de l'opérande.

D'autre part, L'algorithme de Montgomery [3.1] inverse l'ordre de traiter les digits du multiplicande, en utilisant le bit significatif le plus faible du résultat intermédiaire pour effectuer une addition plutôt qu'une soustraction.

Chaque algorithme de ces trois qui sont représentés ce dessous est légèrement modifié et prête à une architecture de matériel légèrement différente. Le pseudo-code pour effectuer les 3 opérations de MonPro est donné dans les algorithmes (1), (2) et (3) où:

$$A = \sum_{i=0}^{k-1} a_i \times 2^i \; ; \; B = \sum_{i=0}^{k-1} b_i \times 2^i \; ; \; M = \sum_{i=0}^{k-1} m_i \times 2^i$$
$$a_i, b_i, m_i \in \{0,1\}$$

Avec M est un nombre entier de k-bit (ie: $0 < M < 2^k$), A, B $<$ M et n est égale à k +2
et S est les restes (ie: $0 \leq S < 2^k$).

```
Algorithm 1: MonPro1 (A, B, M)
MonPro1 (A, B, M)
{
    M':= M+1/2;
    S-1:= 0;
 For i = 0 to n do
      qi: = (Si-1) Mod 2;
        Si := Si-1/2 + qiM' + biA;
   end For;
   Return Sn;
}
```

Figure.3.2.Algorithme 1: MonPro1

```
Algorithm 2 : MonPro2(A,B,M)
MonPro2 (A, B, M)
{
S-1:= 0;
for i = 0 to n - 1 do
      qi := (Si-1+biA) Mod 2 ;
        Si := (Si-1 + qiM + biA)/2 ;
end for
Return Sn-1;
}
```

Figure.3.3.Algorithme 2: MonPro2

```
Algorithm 3: MonPro3 (A, B, M)
MonPro3 (A, B, M)
{
    S-1:= 0;
       A: = 2 x A;
  For i = 0 to n do
     qi := (Si-1) Mod 2 ;
       Si := (Si-1 + qiM + biA)/2 ;
  end for;
  Return Sn;
}
```

Figure.3.4.Algorithme 3: MonPro3

D'après ces trois algorithmes, on remarque que l'algorithme (1) exige plus d'itération que l'algorithme (2), et calcule ainsi une multiplication modulaire de Montgomery avec n+1 cycles d'horloges à la place de n. généralement l'algorithme (1) est préférable pour l'usage en structure systolic Ring, où le multiplicateur est construit avec des éléments identiques [3.1].

L'algorithme (3) est une modification de l'algorithme (2) avec la quel le multiplicande A est décalé par 1 bit pour simplifier le calcul du qi. Ceci implique que le résultat est un facteur de 2, trop grand, et ainsi la boucle exécute un temps additionnel et par la suite l'algorithme (3) exige aussi n + 1 cycle d'horloges pour faire les calculs.

Dans notre travail nous avons choisit l'algorithme (2) pour la simple raison, il est le plus rapide et le plus adaptable à notre application.

2.3. La fonction Monpro

La fonction MonPro calcule le produit de Montgomery de la forme:

$$MonPro\ (A, B, M) = ABr^{-1}\ Mod\ M$$

Malheureusement, le facteur supplémentaire r est pris dans le calcul pour produire le résultat correct. Ici, r^{-1} est l'inverse de r(mod M),

ie : $r^{-1}r = 1$(mod M), où r est indiqué par:

$$r = 2^n$$

Le m-résidu A d'un entier $\mathcal{A} <$ M est défini par:

$$A = \mathcal{A}\ r\ mod\ M$$

La fonction *MonPro* peut être utiliser pour convertir un entier à son *M*-résidu comme suit:

$$MonPro\ (\mathcal{A}, r, M) = \mathcal{A}\ r^2\ r^{-1}\ mod\ M$$

$$= \mathcal{A}\, r \bmod M$$

$$= A$$

Ainsi pour convertir un nombre, $\mathcal{A}$, à sa M-résidu, A, il est nécessaire de calculer aussi
MonPro $(\mathcal{A}, r^2, M)$. Cependant, la valeur $r^2 = 2^{2n}$ est à l'extérieur de la gamme des entrées de la fonction de MonPro $(0 < M < 2^{n-2})$, donc on doit calculer:

$$\textbf{MonPro } (\mathcal{A}, 2^{2n} \bmod M, M)$$

Cette valeur de $(2^{2n} \bmod M)$ doit être pré-calculée extérieurement. Cependant, cette valeur est constante pour une longueur donnée et doit être stocké dans une base de données avec la clef publique du destinataire (M &E) de l'RSA. [3.1] Le produit de Montgomery de 2 M-résidus, A, B est égale à M-résidu, S :

$$S = \text{MonPro } (A, B, M)$$

$$= AB\, r^{-1} \bmod M$$

$$= \mathcal{A}r\mathcal{B}\, rr^{-1} \bmod M$$

$$= \mathcal{A}\mathcal{B}r \bmod M$$

$$= \delta\, r \bmod M$$

Finalement pour convertir S de nouveau dans la forme ordinaire du nombre entier, δ :

$$\delta = S\, r^{-1} \bmod M$$

$$= 1Sr^{-1} \bmod M$$

$$= \text{Monpro } (1, S, M)$$

Une condition préalable, il faut que le module, M, doit être un nombre premier à r
(ie: gcd (M; r) = 1). C'est toujours le cas dans le système cryptographique RSA car
M est le produit 2 grands nombres premiers (p x q, et impaires et puisque r est une puissance de 2.
Étant donné que les opérations de mod r et de division r soient intrinsèquement rapides dans les systèmes binaires puisque r est une puissance de 2, donc l'algorithme de Montgomery est plus rapide et plus facile à calculer que la multiplication modulaire simple $\mathcal{A}\, \mathcal{B}\, \mathcal{M}od\, \mathcal{M}$. Cependant, les opérations additionnelles de la conversion de la forme M-résidu, et de pré-compilation de $2^{2n} \bmod M$ ajoutent les étapes supplémentaires de calcul. Ainsi, il y'a un inconvénient quand seulement une multiplication modulaire simple doit être exécuté. Il est plus approprié quand plusieurs multiplications de même module doivent être exécutées comme dans l'algorithme de l'exponentiation modulaire de RSA.

3. L'exponentiation modulaire

L'exponentiation modulaire est exécutée par des multiplications modulaires répétées. Il y a deux algorithmes communs qui peut être employé: La méthode binaire L-R et la méthode binaire R-L. Celles-ci sont données dans les algorithmes (4) & (5), où $\mathcal{P}$ est le message d'origine (plaintext) $\mathcal{E}$ est la clé, $\mathcal{M}$ est le module, C est constante et égale à $2^{2n} \mod \mathcal{M}$, et $\mathcal{R}$ est le résultat.

Algorithme 4 : L-R Algorithme : MonExp1 *($\mathcal{P}, \varepsilon, \mathcal{M}$)*

MonExp1 *($\mathcal{P}, \varepsilon, \mathcal{M}$)*

{

    $C1 := 2^{2n} \mod \mathcal{M}$;

    $P := Monpro\ (C1, \mathcal{P}, \mathcal{M})$;   (Mapping)

    $R := Monpro\ (C1, 1, \mathcal{M})$;

    for i: =k-1 **downto** 0 **do**

        $R := Monpro\ (R, R, M)$;   (Square)

        if *($\varepsilon_i = 1$) then*

            $R := Monpro\ (R, P, M)$; (Multiply)

        end if

    end for

    $\mathcal{R} := Monpro\ (1, R, \mathcal{M})$; (Re-Mapping)

    Return $\mathcal{R}$;

}

Figure.3.5.Algorithme4: Algorithme R-L

```
Algorithme 5 : R-L Algorithme : MonExp2 (P, ε, M)

MonExp2 (P, ε, M)

{
    C1:= 2^(2n) Mod M;
    P: = Monpro (C1, P, M);     (Mapping)
    R: = Monpro (C1, 1, M);
    for i: =0 to k-1 do
            if (ε_i = 1) then
                    R: = Monpro (R, P, M); ( Multiply )
            end if
                    P: = Monpro (P, P, M);   ( Square )
    end for
    R: = Monpro (1, R, M);               ( Re-Mapping )
     Return R;
}
```

Figure.3.6.Algorithme5: Algorithme L-R

Dans l'algorithme (4), le carré (Square) et le multiplié (Multiply) sont des opérations qui doivent être exécutés séquentiellement, et donc les multiplications doivent être exécutées en série, Il signifie que le carré et le multiplié sont des opérations qui peuvent être exécutés dans le même multiplicateur, qui est simple de le réaliser au point de vue matériel, ainsi on optimise la surface d'implantation.

Dans l'algorithme (5), le carré et le multiplié sont des opérations indépendants, et peuvent être exécutés en parallèle. Ainsi, au moins de 50% de cycles d'horloges sont exigés pour accomplir L'exponentiation modulaire [3.1].

Cependant, Les deux multiplicateurs physiques sont exigés pour réaliser l'accélération de l'algorithme. Par conséquent, les produits de *surface x vitesse* des deux algorithmes soient très semblables. Pour notre travail, l'algorithme de R-L (l'algorithme (5)) sera utilisé puisque le but primaire est d'augmenter le débit binaire de l'exponentiation en temps réel pour crypter et décrypter les données.

4. L'architecture de l'implantation de l'algorithme de Montgomery

4.1. Schéma bloc de l'algorithme de Montgomery

Ce bloc représente l'algorithme de Montgomery **MonPro2 (A, B, M),** il contient trois variables d'entrées A, B et M de longueur n bits et un signal horloge (CLK) et deux signaux de commandes RST (reset), LOAD (charge) pour le chargement de variables de l'algorithme et une sortie R qui représente le résultat de calcul. Cet algorithme calcule l'opération suivante **AB $(2^n)^{-1}$mod M.**

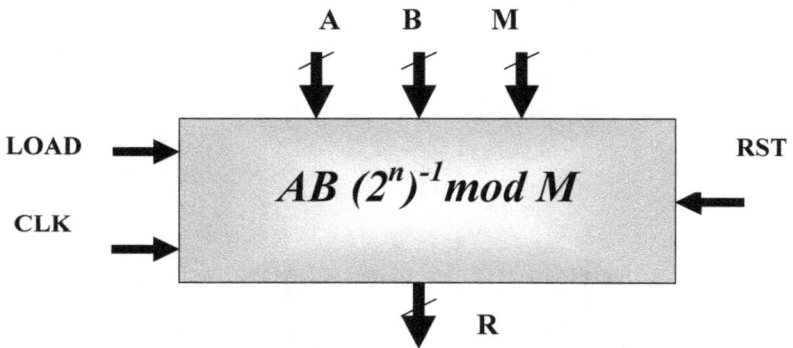

Figure.3.7.Schéma bloc de la multiplication de Montgomery

4.1.1. Architectures de double Additionneur

L'architecture de double additionneur représente la multiplication de Montgomery basé sur l'algorithme (2), donc elle est constituée de deux additionneurs de n bits et de deux multiplieurs (A.bi et M.qi).

$S_{i-1}(N-1),\ldots, S_{i-1}(0)$

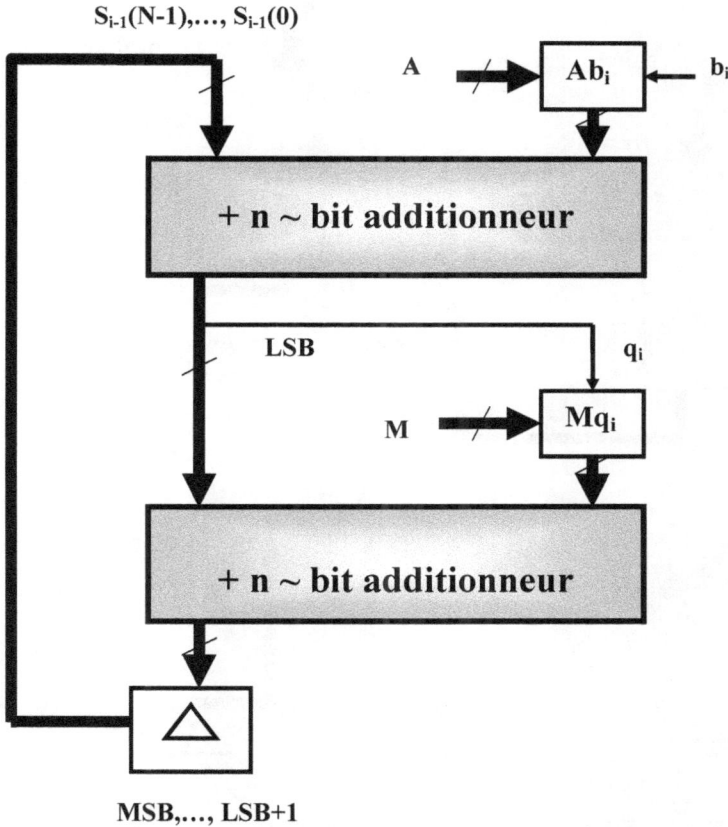

MSB,..., LSB+1

Figure.3.8.MonArch1 :L'architecture de la multiplication de Montgomery basé sur l'algorithme 2

Pour implanter l'algorithme (2), nous avons besoins de cinq registres (A, B, M, S_{i-1}, RES), deux additionneurs et deux multiplieurs binaires de 8 bits.

pour obtenir q_i c'est-à-dire le reste de division euclidienne de $(Si-1+biA)$ par deux nous avons pris directement LSB de la somme de S_{i-1} et de b_iA , [3.1] de même la division par 2 de S_{i-1} est prise directement, c'est-à-dire MSB... LSB+1 (décalage vers la droite) et pour réaliser la multiplication de Ab_i et de Mq_i, [3.6] nous avons utilisé un registre de décalage à droite (B) et des portes logiques (AND) comme est illustré à la figure suivante pour obtenir Abi, de même façon nous avons utilisé des portes logiques (AND) qui retient les sorties du registre M et qi pour obtenir le produit Mqi et finalement nous pouvons adapter cette algorithme à une architecture matérielle.

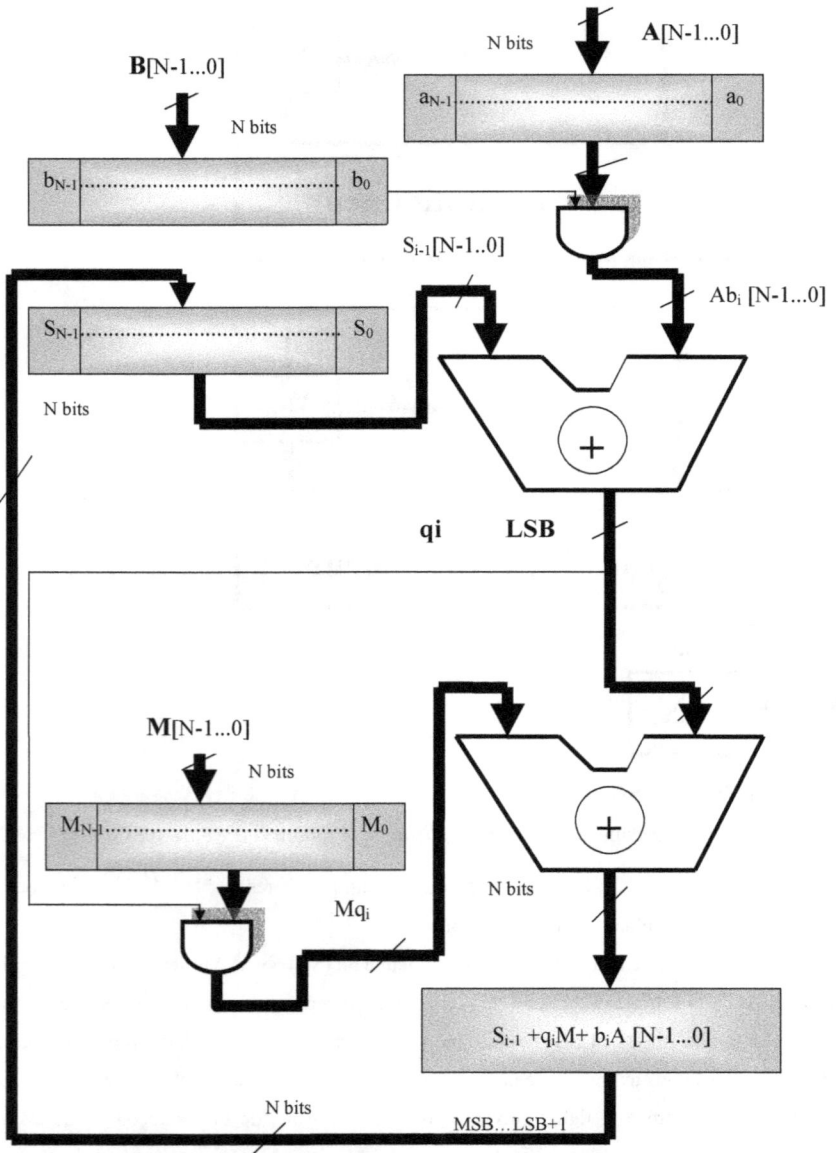

Figure.3.9.L'architecture de la multiplication de Montgomery basé sur l'algorithme 2

4.2. Architecture matérielle de la multiplication de Montgomery

Dans cette partie il s'agit de développer notre application. En effet, pour aboutir aux résultats correcte il a fallut passer par diverses étapes. Tout d'abord on a commencé par développer les programmes en VHDL pour tous les blocs de l'application. Ensuite, la compilation et la simulation par le MAX+PLUS II.

Les résultats obtenus lors du développement sont présentés et expliqués dans ce qui suit.

On va étudier les différents blocs de l'implantation de la multiplication de Montgomery

4.2.1. Les registres A, M

Les registres Reg_A, Reg_B et Reg_M de la figure 3.9 sont utilisés pour stocker les variables d'entrée de l'algorithme *Monpro2 (A, B, M)* pour cela trois registres de type entrées parallèles sorties parallèles sont nécessaires. L'opération de chargement de ces registres est commandé par l'entée LOAD.

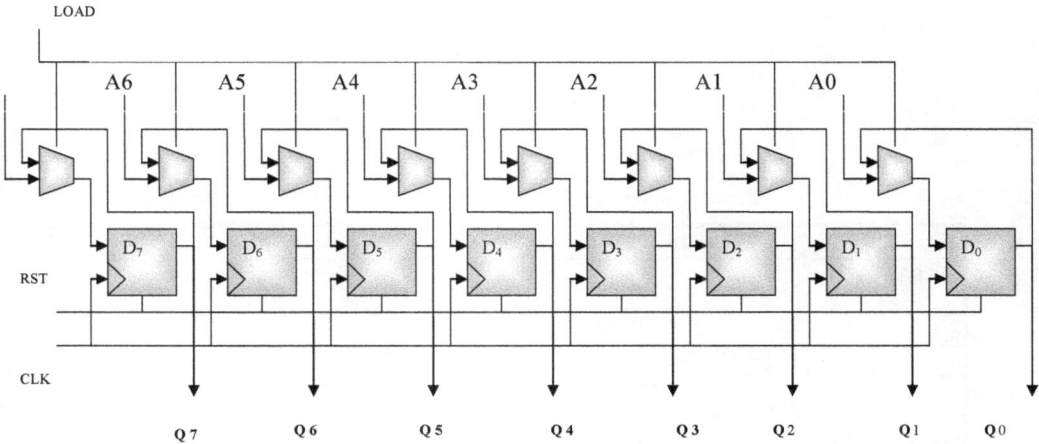

Figure.3.10.Le registres Reg_A

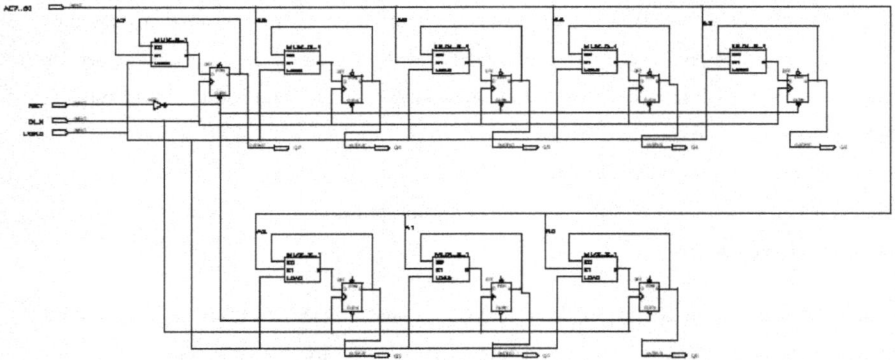

Figure.3.10.structure interne du registre Reg_A

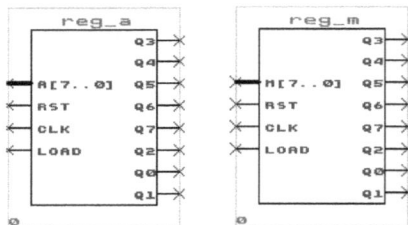

Figure.3.11.schéma Bloc des registres Reg_A, RegM

La figure qui suit montre les résultats de la simulation du registre M qui la même structure que A

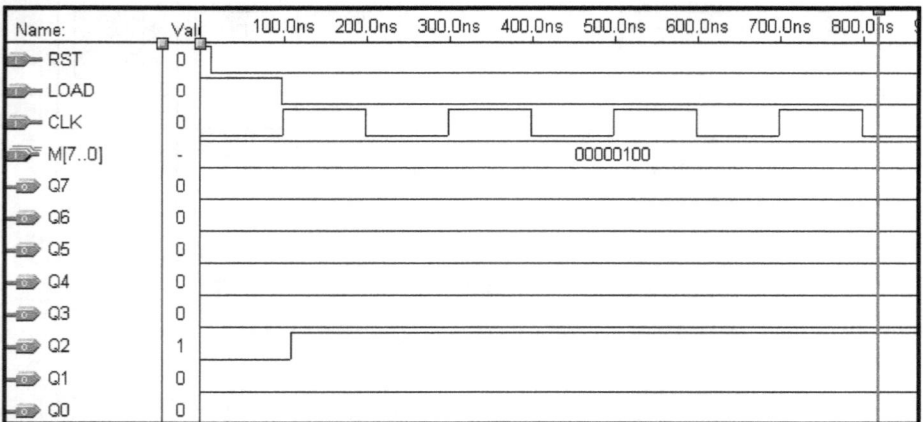

Figure.3.12.Résultats de simulation de registre Reg_M

La figure 3.12 représente le résultat de simulation du registre M en utilisant le logiciel MAXPLUSII, l'entée LOAD permet le chargement de ce registre, donc si on prend a titre d'exemple M=100, on peut voir de manière explicite ce valeur à la sortie (Q7,.., Q0)

4.2.2. Les registres Si-1, RES

Les registres Reg_S et Reg_RES sont des registres de type entrées parallèles, sorties parallèles. Ils sont utilisés pour mémoriser soit le calcul intermédiaire soit le résultat final de la multiplication de Montgomery Monpro2.

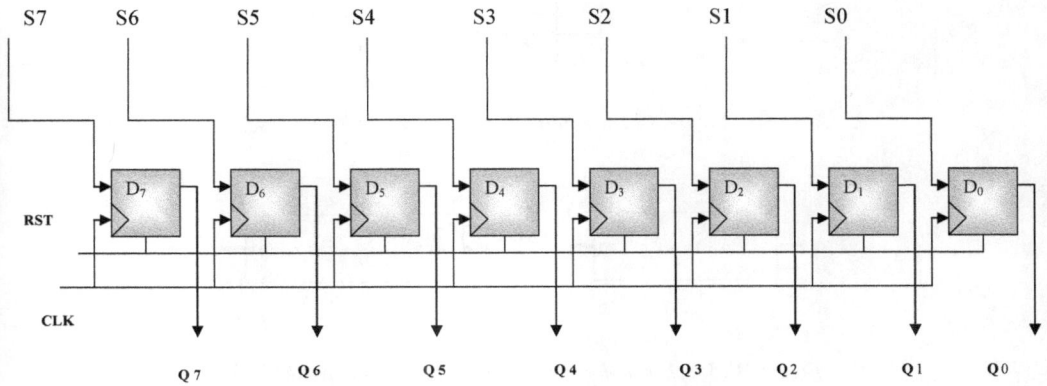

Figure.3.13. Les registres S, RES

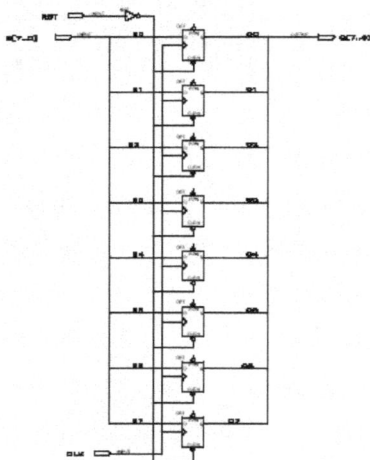

Figure.3.14.structure interne du registre Reg_S

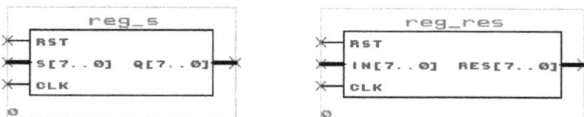

Figure. 3.15. Schéma bloc des Registres Reg_S et Reg_RESULTAT

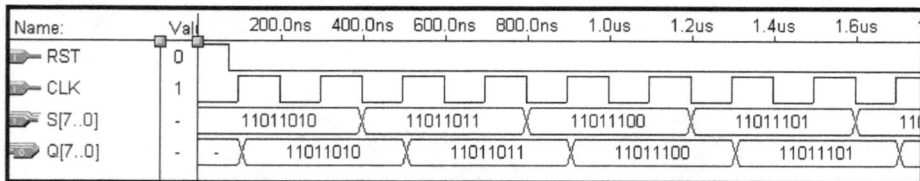

Figure.3.16.Résultats de simulation de Registre S

La figure 3.16 représente le résultat de simulation du registre S, donc ce dernier est un registre de type entrée parallèle sortie parallèle, de ce fait le chargement de ce registre est commandé par le signal d'horloge CLK, donc si on prend des valeurs arbitraires en entrées on peut le voir en sortie.

4.2.3. Le Registre à décalage B

Le registre à décalage B est composé de huit bascules D et de huit multiplexeurs qui sont utilisés pour charger le registre B ou de faire le décalage à droite. Ce registre est utilisé pour préparer la multiplication binaire de Abi. En effet à chaque front montant d'horloge le registre B décale à droite son contenu pour effectuer par la suite la multiplication Abi.

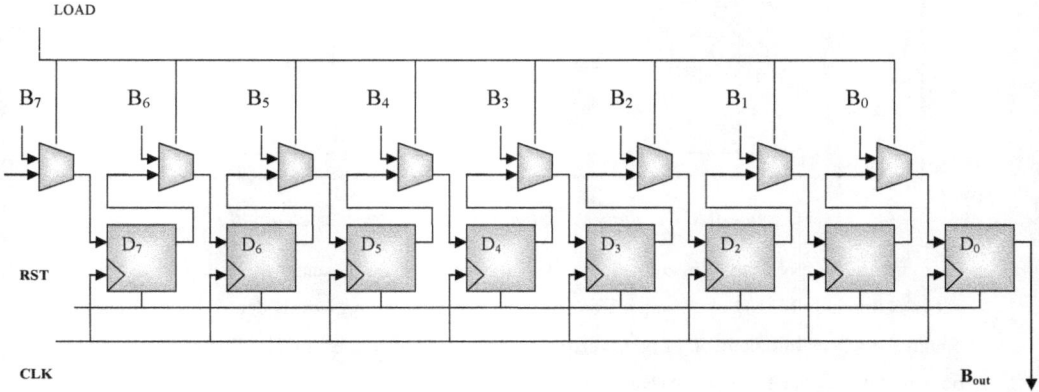

Figure.3.17.Le Registre à décalage B

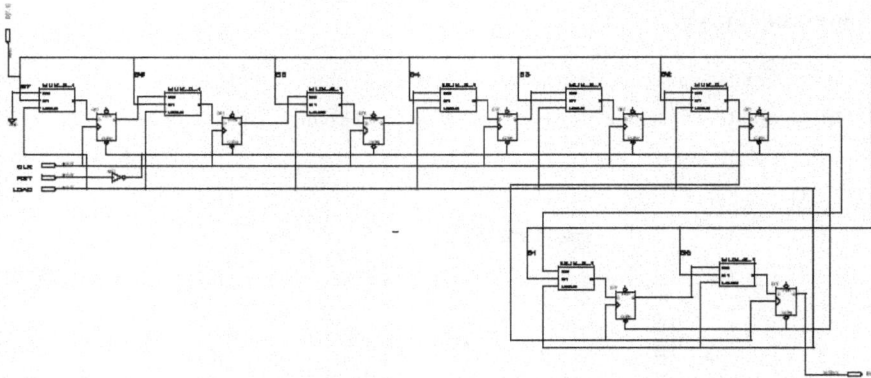

Figure.3.18.structure interne du registre Reg_B

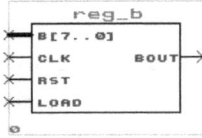

Figure. 3.19. Schéma bloc de Registre à décalage B

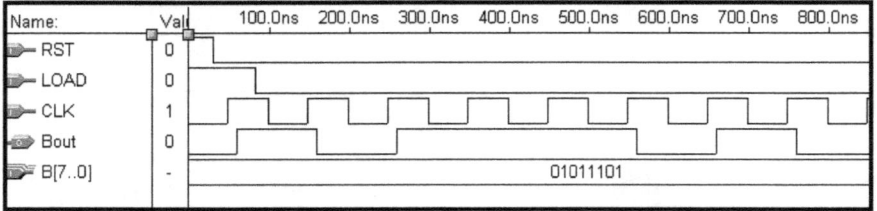

Figure.3.20.Résultats de simulation de registre de décalage B.

La figure 3.20 représente le résultat de simulation du registre de décalage B, ce dernier est chargé par la commande LOAD et à chaque front montant d'horloge le registre B décale les informations binaires stockées initialement et pour vérifier ça on prend à titre d'exemple à l'entrée 01011101 et on peut voir ce valeur en sortie (Bout).

4.2.4. Le multiplieur Abi

Le terme Abi est le résultat du produit de la sortie du registre à décalage B par le contenu de registre A. Cette opération est réalisée par des portes logiques ET comme le montre la figure 3.21

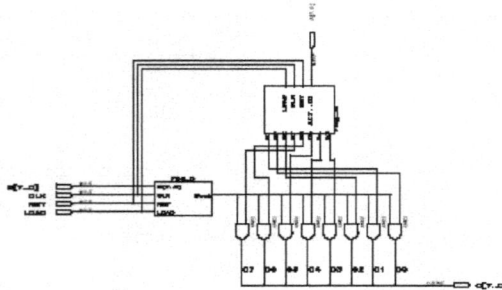

Figure.3.21.structure interne de multiplieur Abi

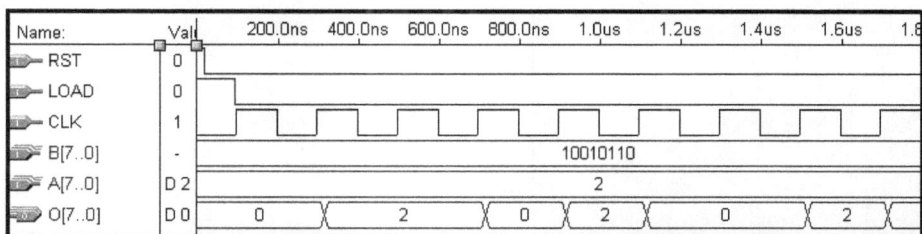

Figure. 3.22. Résultat de simulation de la multiplication Abi

La figure 3.22 représente le résultat de simulation de multiplieur Abi, donc si on prend par exemple A=2 et B= $(10010110)_2$ on peut voir à la sortie du multiplieur Abi le résultat de cette multiplication.

4.2.5. Additionneur 8 bits

Ce bloc présente un additionneur à propagation de retenue (Ripple Carry Adder RCA) à 8 bits, son principe est basé sur la mise en cascade de modules élémentaires d'additionneur 1 bit .cette structure itérative présente une complexité croissante avec N, du fait de la propagation de le retenue à travers tous les modules, l'additionneur RCA est le moins rapide mais contient le minimum de portes logiques.

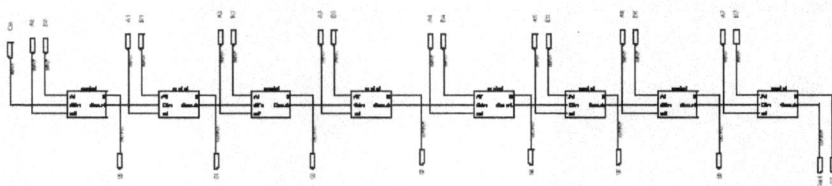

Figure.3.23.structure interne de l'additionneur 8 bits

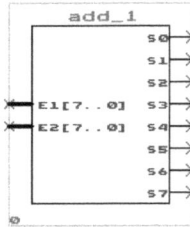

Figure. 3.24. Additionneur 8 bits

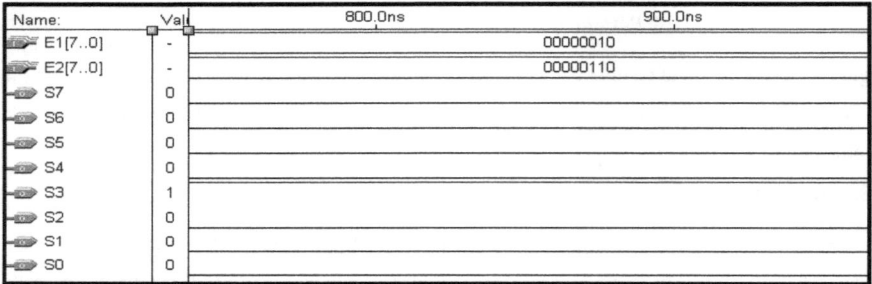

Figure. 3.25. Résultat de simulation de l'additionneur8 bits

La figure 3.25 représente le résultat de simulation de l'additionneur 8 bits, en effet si on prend par exemple aux entrées de l'additionneur 00000010 et 00000110, on obtient à la sortie la somme binaire de ces entrées

4.2.6. Le multiplieur Mqi

Ce bloc à la même structure que le bloc Abi décrit précédemment.

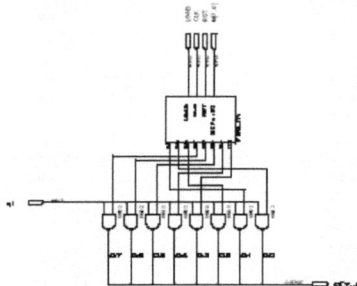

Figure.3.26.structure interne de multiplieur Mqi

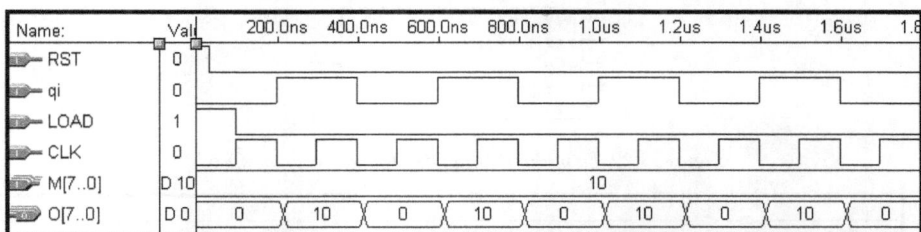

Figure. 3.27. Résultat de simulation de la multiplication Mqi

La figure 3.27 représente le résultat de simulation de la multiplication binaire Mqi, on peut voir de manière explicite le résultat de simulation de cette multiplication si on prend aux entrées de ce multiplieur M=10 et qi égale à 0 ou 1.

4.2.7. Bloc de commande

Ce bloc permet la génération des signaux de chargement des registres qui constituent la fonction Monpro2. En effet ce signal de commande permet le chargement (LOAD) des registres (Reg_A, Reg _B, Reg_M), de même il permet l'initialisation à zéro du registre (Reg_S), d'autre part, il est utilisé comme un signal d'horloge du registre de sortie (Reg_RES).La figure 3.25 représente le signal de commande en fonction du signal d'horloge (CLK).

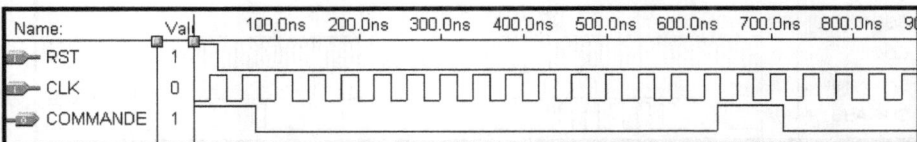

Figure. 3.28. Signal de commande

4.2.8. La multiplication de Montgomery

Enfin et après avoir étudier les différents blocs constitutifs de notre application ces derniers sont regroupés pour implanter l'architecture de l'algorithme monpro2. La figure 3.21 présente les entrées sorties de ce bloc et les figures 3.27 à 3.30 présentent les résultats de simulations du fonctionnement de l'algorithme.

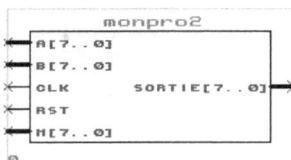

Figure. 3.29. La multiplication de Montgomery- monpro2

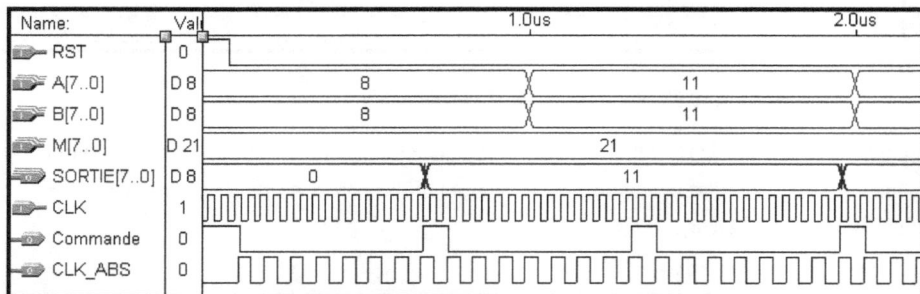

Figure. 3.30. Monpro2 (8, 8, 21)

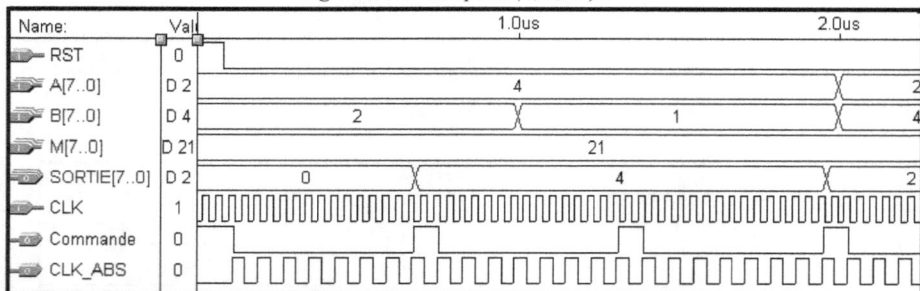

Figure. 3.31. Monpro2 (4, 2, 21)

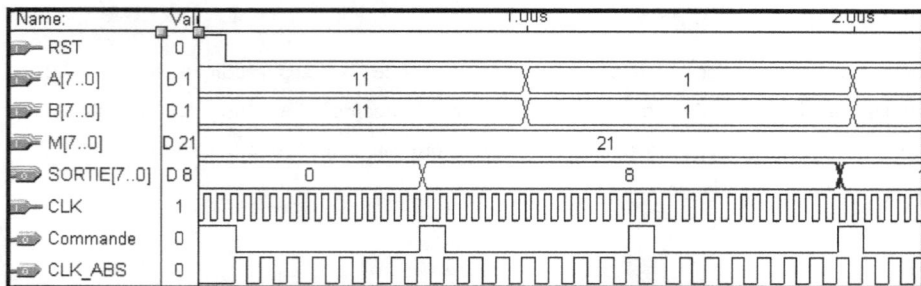

Figure. 3.32. Monpro2 (11, 11, 21)

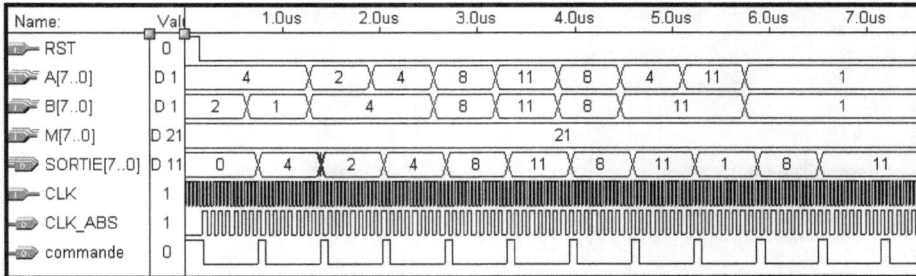

Figure.3.33. Résultat de simulation de la multiplication de Montgomery basé sur l'algorithme 2

Les figures 3.30 à 3.33 représentent les résultats de simulations de la multiplication de Montgomery Monpro2, en effet dans cette partie nous avons essayé de vérifier cette multiplication en utilisant des exemples et de visualiser les signaux de commandes en se basant sur la logique de l'algorithme 2.

5. L'architecture de l'implantation de l'exponentiation modulaire

L'opération fondamentale de l'exponentiation modulaire est la multiplication modulaire répétée, dans le cryptosystème RSA. Cet exponentiation est basée sur la multiplication modulaire de Montgomery qui nécessite deux opérations, l'opération (Mapping) qui consiste à convertir les données d'entrée P *(message d'origine)* en P r mod M. Après ce résultat, l'exponentiation modulaire devient $P^e r Mod$ M et l'opération de re-mapping consiste à déterminer la fonction *Monpro (1, R, M)* pour enlever le facteur supplémentaire r, finalement on peut atteindre le résultat désiré qui est : $P^e Mod$ M.

Nous appliquons la méthode binaire R-L (right- left) qui consiste à optimisé la vitesse en adoptant la Multiplication de Montgomery à l'exponentiation modulaire [3.2].

5.1. Schéma bloc de l'exponentiation modulaire

Le bloc de l'exponentiation modulaire considéré comme l'opération de cryptage à tous entrées qui sont le message d'origine $\mathcal{P}$, la clé privé (e, M) et une sortie $\mathcal{R}$ qui représente le message crypté.

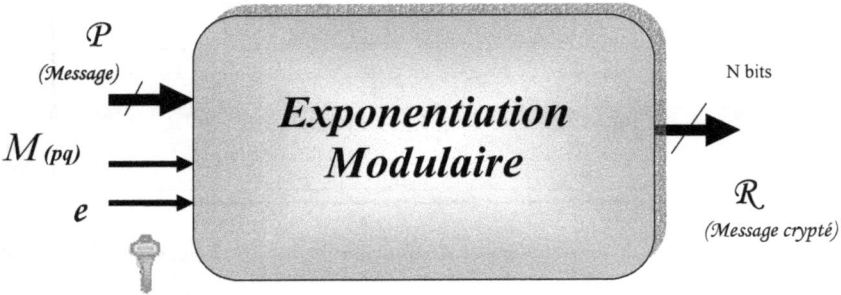

Figure.3.34.Schéma bloc de l'exponentiation modulaire

La figure 3.35 représente toutes les étapes de calcul de l'algorithme (MonExp2 (P, ε, M), en effet, la première étape est consacrée à l'initialisation (Mapping) :

$C := 2^{2n} \, Mod \, \mathcal{M}$;

$P := Monpro \, (C, \mathcal{P}, \mathcal{M})$;

$R := Monpro \, (C, 1, \mathcal{M})$;

La deuxième est réservée à l'exponentiation modulaire pour calculer les paramètres intermédiaires (R, P) en utilisant la clé (e) [3.2].

Finalement la troisième étape (Re-Mapping), elle est réservée au calcul du signal crypté

$\mathcal{R} := Monpro \, (1, R, \mathcal{M})$.

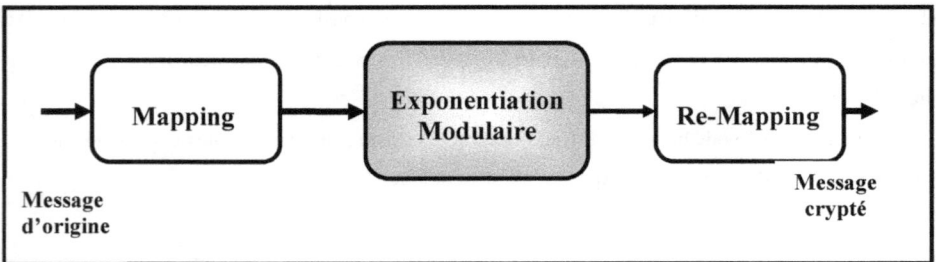

Figure .3.35.le cryptosystème RSA basé sur l'algorithme de Montgomery

5.1.1. Architecture de l'exponentiation modulaire

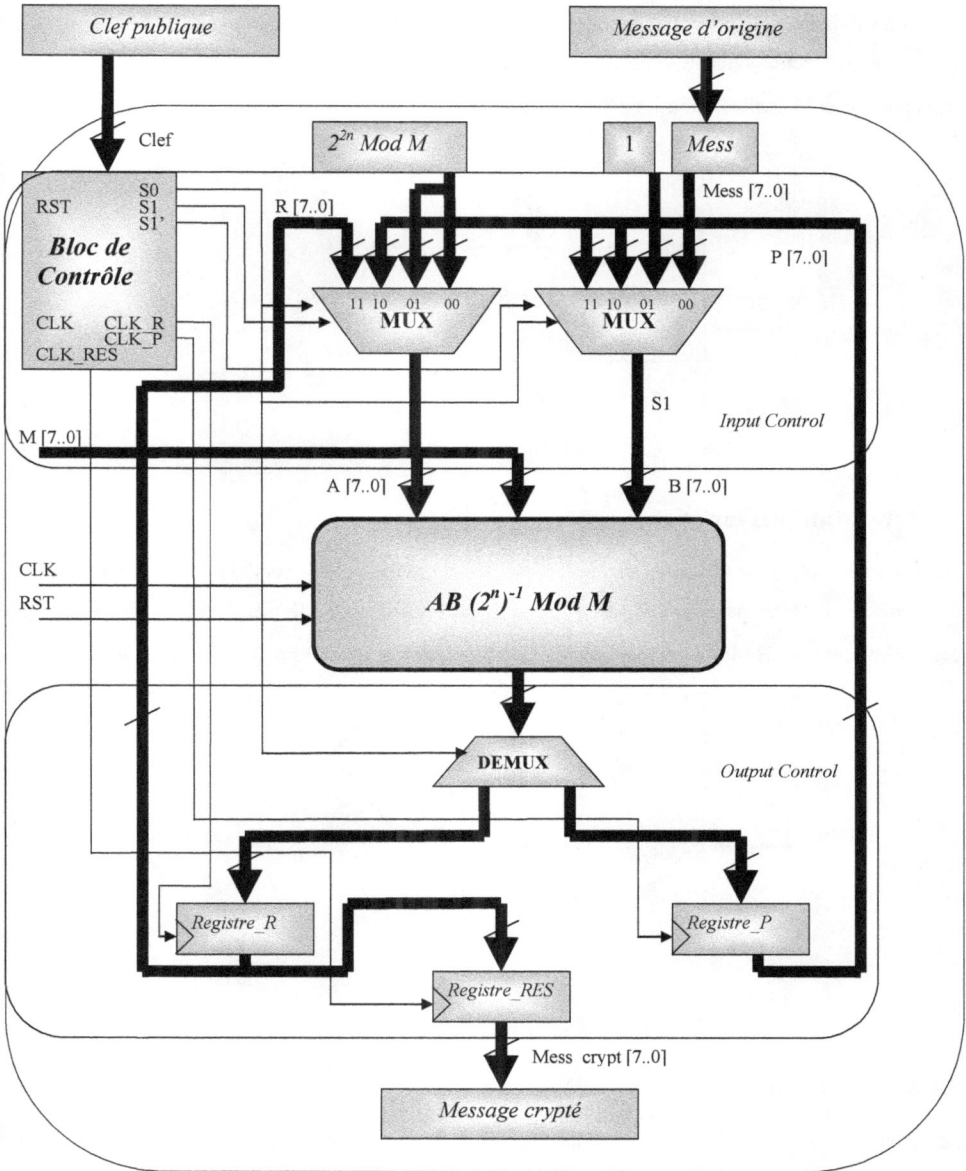

Figure.3.36.Schéma bloc de l'exponentiation modulaire

5.1.2. Les registres de l'exponentiation modulaire

Dans l'opération de l'exponentiation modulaire nous avons besoins de cinq registres de 8 bits pour stocker les paramètres suivantes $P, R, \mathcal{R}, 1, 2^{2n} \text{Mod M}$. Sa structure interne est identique à ceux des registres A,B et M étudiées dans l'algorithme de Montgomery.

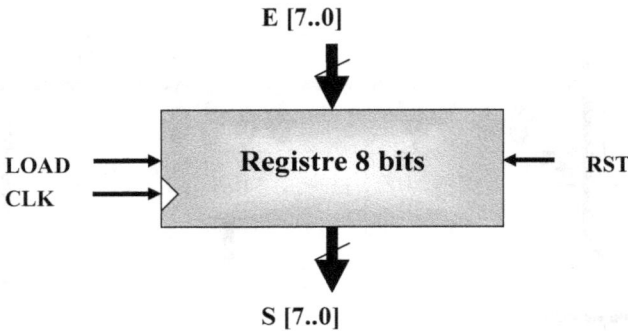

E [7..0]

LOAD   **Registre 8 bits**   **RST**

CLK

S [7..0]

Figure .3.37.Registre 8 bits

5.1.3. Le Multiplexeur (4 vers 1)

Dans notre application nous avons utilisé deux multiplexeurs (4 vers 1), ils permettent d'acheminer une entée parmi (**P,R,𝒫, 1,2²ⁿMod M**) aux registre A et B. Ces derniers sont utilisés comme entrées pour le bloc de la multiplication de Montgomery c'est-à-dire **MonPro2 (A, B, M)**.

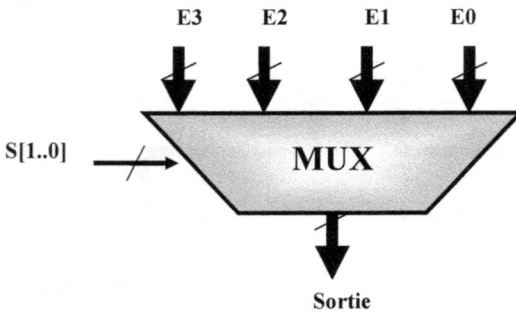

E3   **E2**   **E1**   **E0**

S[1..0]   **MUX**

Sortie

Figure.3.38 .Multiplexeur (4 →1)

5.1.4. Le Démultiplexeur (1 vers 2)

Le démultiplexeur suivant permet de démultiplexer la sortie de la multiplication de Montgomery aux registres *Registre_P*, *Registre_R* et au *Registre_résultat*. Ce démultiplexage est commande par l'entrée S_0 qui permet d'acheminer   les données à ces places suivant l'algorithme de l'exponentiation modulaire **MonExp2**.

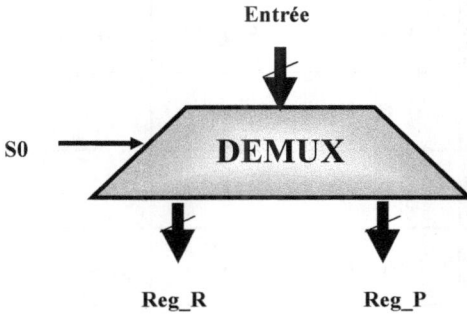

Figure.3.39.Démultiplexeur (1→2)

5.1.5. Le bloc de contrôle

Le bloc de contrôle permet de générer les signaux nécessaires pour commander les deux multiplexeurs et le démultiplexeur.

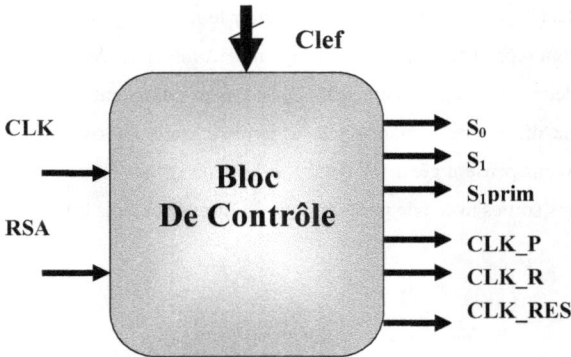

Figure.3.40.le bloc de contrôle

MUX1		MUX2				
S_1	S_0	S_{1prim}	S_{0prim}	Reg_A	Reg_B	Monpro2
0	X	0	0	C_1	Mess	⌐_⌐
0	X	0	1	C_1	1	⌐_⌐
1	1	1	X	P (ei = 1)	R	⌐_⌐
1	0	1	X	P ($e_i = 0$)	P	⌐_⌐
1	1	0	1	1	R	⌐_⌐

TAB.3.1.commandes de bloc de contrôle

On remarque d'après ce tableau que S_0 et S_0prim peuvent avoir le même signal de commande, ce pour cela ces deux signaux sont représentés par le même signal de commande (S_0).

On remarque aussi que les deux signaux de commandes S_1 et S_1prim possèdent le même signal de commande, mais il y a une différence   seulement à la dernière étape de commande (S_1=1 et S_1prim=0) pour cela nous avons pensé à gérer le signal S_1prim à partir des registre de décalage à droite S1 et S2 en reliant leurs sorties avec une porte logique XOR pour obtenir le signal souhaité.

5.1.5. 1. Structure interne de bloc de contrôle

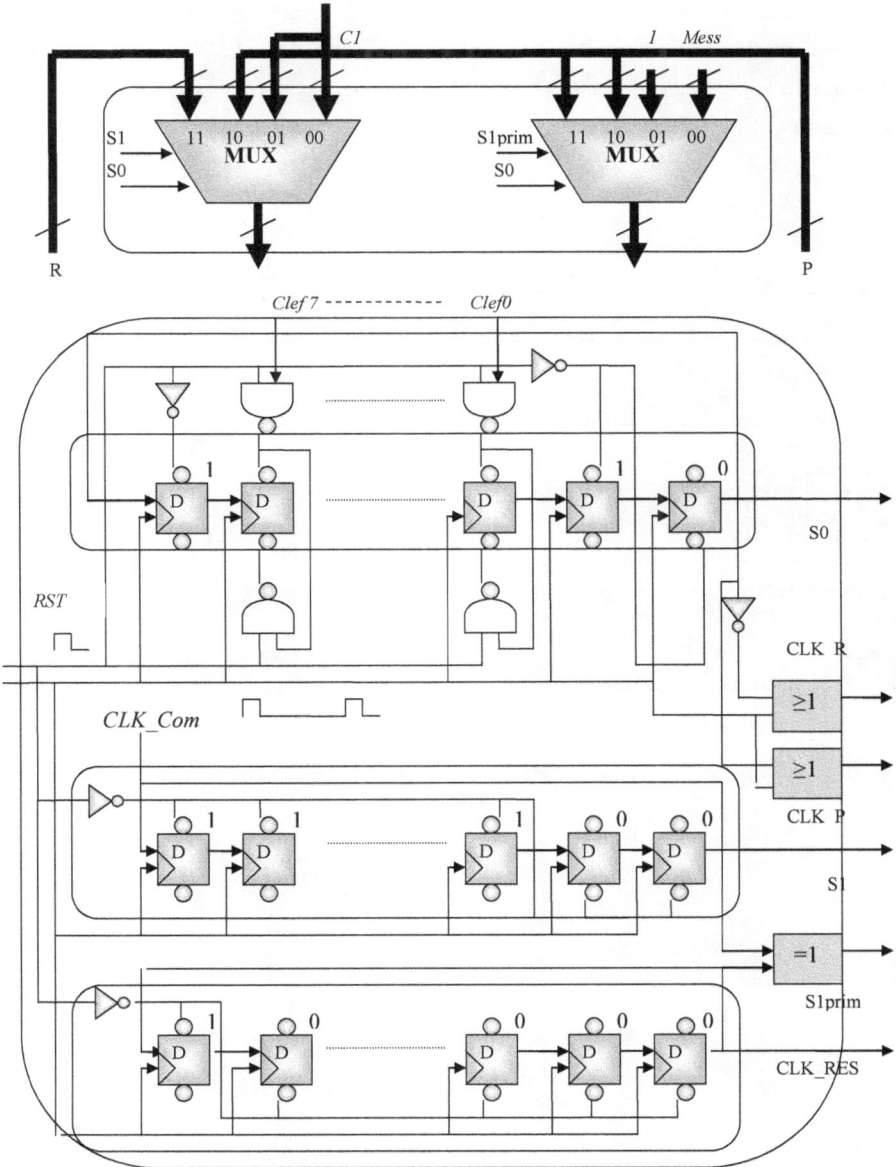

Figure.3.41. Structure interne de bloc de contrôle

5.1.5. 2. Le registre Reg_Clef

Ce registre permet de charger la clé (Clef [7..0]) lorsque RST=1, de même il permet d'initialiser respectivement la première bascule D à 0, la deuxième à 1 et la dernière bascule par 1. A chaque front montant d'horloge ce registre décale à droite les informations binaires stockées initialement dans ces bascules.

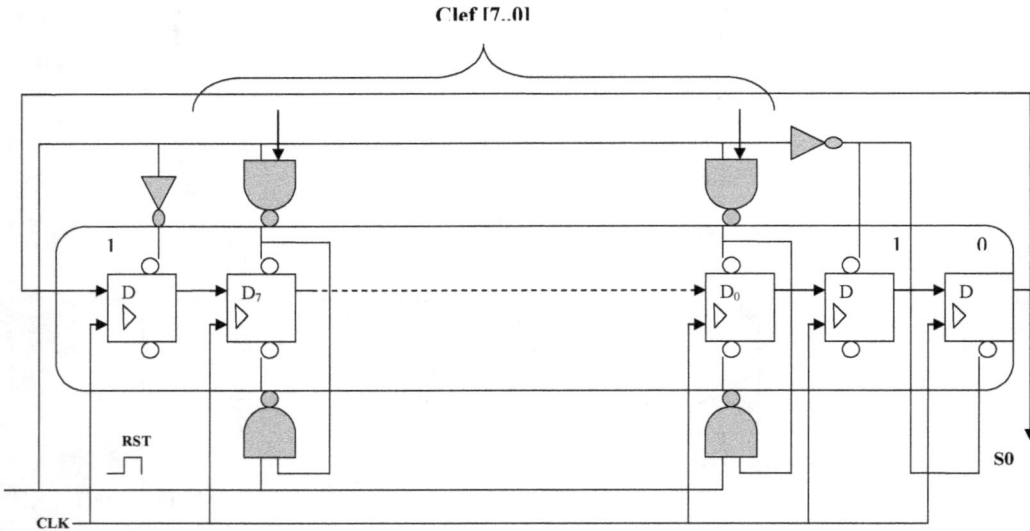

Figure.3.42.Le Registre Reg_Clef

5.2. Synthèse des différents blocs de l'exponentiation modulaire

5.2.1. Les registres de l'exponentiation modulaire

Dans le phase de l'implantation de l'exponentiation modulaire nous avons besoin de trois registres de 8 bits (Reg _P,Reg_R, ,Reg_resultat) qui sont utilisés pour stocker les paramètres de l'exponentiation modulaire c'est-à-dire de MESS,P et R et les figures ce dessous donnent les blocs de différents registres.

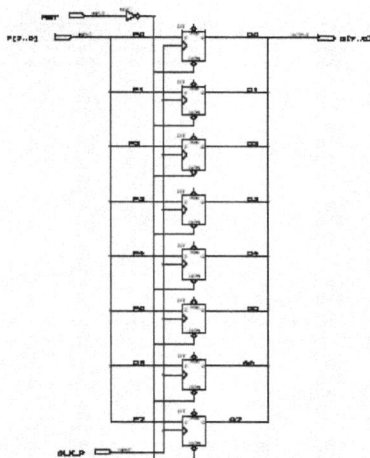

Figure.3.43.Structure interne de registre P, R et RES

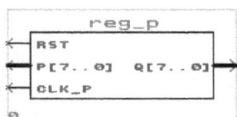

Figure.3.44.Registre Reg_P

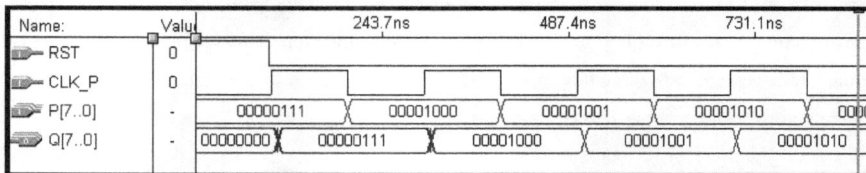

Figure.3.45.Résultats de simulation de Reg_P

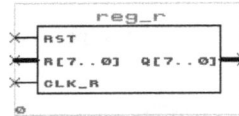

Figure.3.46.Registre Reg_R

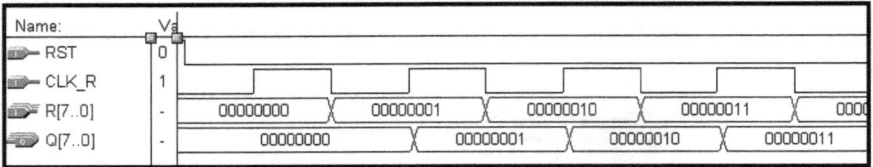

Figure.3.47.Résultats de simulation de Reg_R

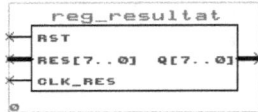

Figure.3.48.Registre Reg_RES

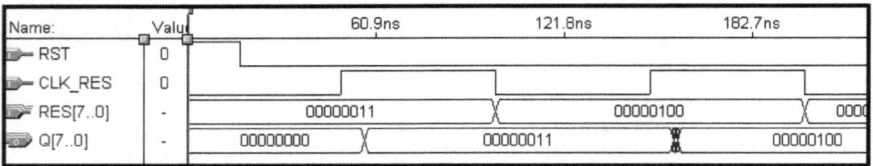

Figure.3.49.Résultats de simulation de Reg_resultat

Les figures 3.44, 3.47 et 3.49 présentent les résultats de simulations des registres R, P et RES. Ces derniers sont des registres de type entrées parallèle, sorties parallèles, les chargements de ces registres est assuré par le signal d'horloge de chaque registre.

5.2.2. Le Multiplexeur

Dans la phase de l'implantation de l'exponentiation modulaire nous avons besoin aussi de deux multiplexeurs pour multiplexer les entrées de bloc de la multiplication de Montgomery,

Le premier multiplexeur est commandé par S_0 etS_1 et le deuxième est commandé par S_0 et S_1prim et ces commandes sont gérés par le bloc de contrôle.

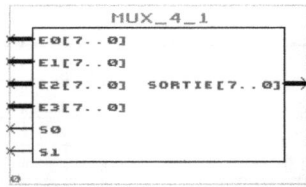

Figure.3.50. Multiplexeur (4→1)

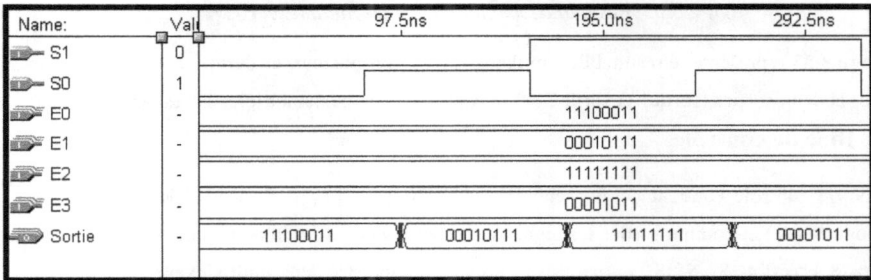

Figure.3.51. Résultat de simulation de Multiplexeur (4→1)

La figure 3.51 représente le résultat de simulation de multiplexeur 4 vers 1 , donc le commande de ce dernier est assuré par S0 et S1 qui permettent de sélectionner l'entrée souhaité (E0,E1,E2,E4) suivant l'enchaînement de programme.

5.2.3. Le Démultiplexeur

Le démultiplexeur est utilisé pour démultiplexer le résultat de la multiplication de Montgomery aux registres Reg_R et Reg_P c'est-à-dire l'affectation au niveau programme suivant la commande S_0 qui est géré par le bloc de contrôle et le signal d'horloge CLK_R et CLK_P.

Figure.3.52. Démultiplexeur (1→2)

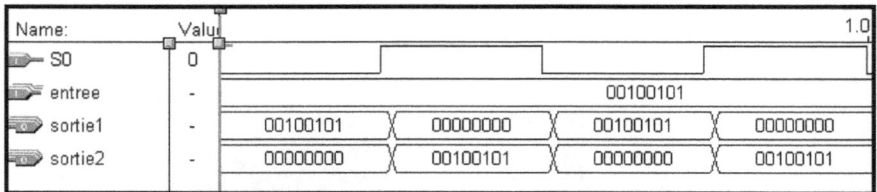

Figure.3.53. Résultat de simulation de Démultiplexeur (1 →2)

La figure 3.53 représente le résultat de simulation de démultiplexeur, ce dernier contient une entrée (entree) et deux sorties (sortie1 et sortie 2) et le commande de ce démultiplexeur est assuré par S0.

5.2.4. Bloc de contrôle

Le bloc de contrôle contient comme entrées la Clef (CLEF [7..0]), le Reset (RST) et le signal d'horloge (CLK) et comme sorties les signaux de commandes de différents parties de programme principale. En effet , S_1, S_0, S_{prim} sont utilisés pour commander le deux multiplexeurs et les signaux d'horloges CLK_R ,CLK_P et CLK_RESULT sont utilisés pour charger le résultat de calcule dans le registre désiré.

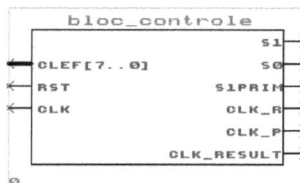

Figure.3.54. Bloc de contrôle

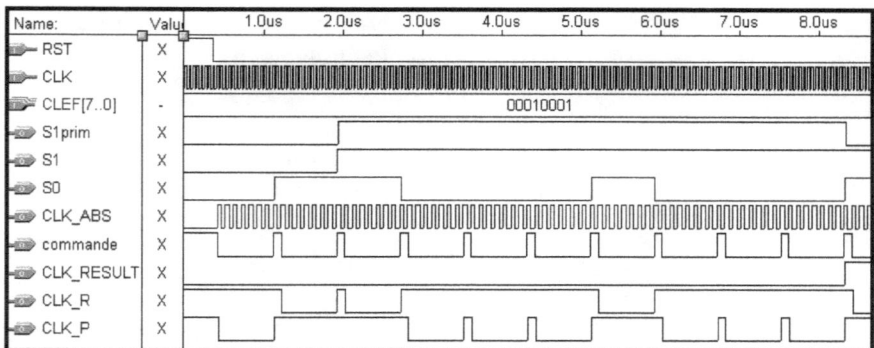

Figure.3.55. Résultats de simulations de Bloc de contrôle

La figure 3.55 représente le résultat de simulation du bloc de contrôle ,ce dernier permet de gérer les signaux de commandes (S0,S1,S1prim, CLK_RESULT,CLK_R,CLK_P) de différents blocs de l'exponentiation modulaire suivant le valeur de la clef publique CLEF[7..0].

5.2.4.1. Le Registre de Clef

Le registre de clef effectue l'opération de chargement de la clé puis le décalage à chaque front d'horloge pour commander l'entée S0 de deux multiplexeurs.

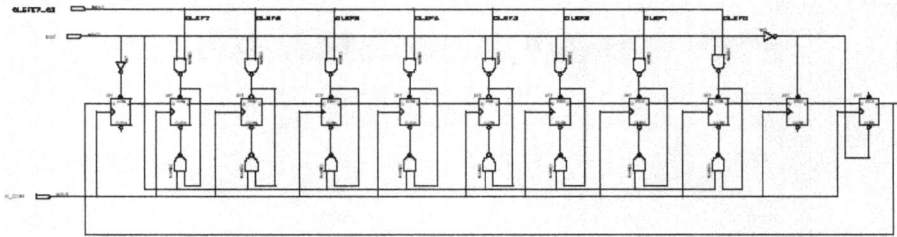

Figure.3.56. Structure interne de registre Reg_Clef

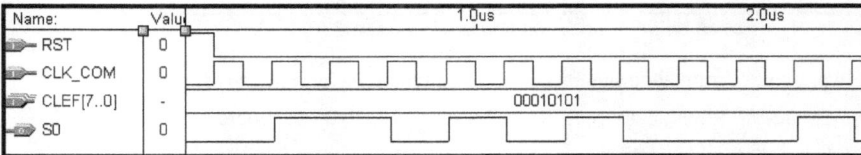

Figure.3.57. Résultat de simulation de Reg_Clef

La figure 3.57 représente le résultat de simulation de registre Reg_Clef, le chargement de ce registre ce fait en parallèle via le Reset RST, nous avons pris à titre d'exemple (CLEF=00010101), cette information binaire décale à droite à chaque front montant d'horloge CLK_COM.

5.2.5. Le schéma bloc de monexp2

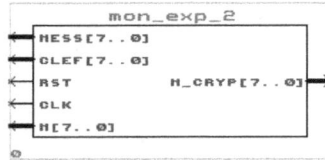

Figure.3.58. Schéma bloc   de Monexp2

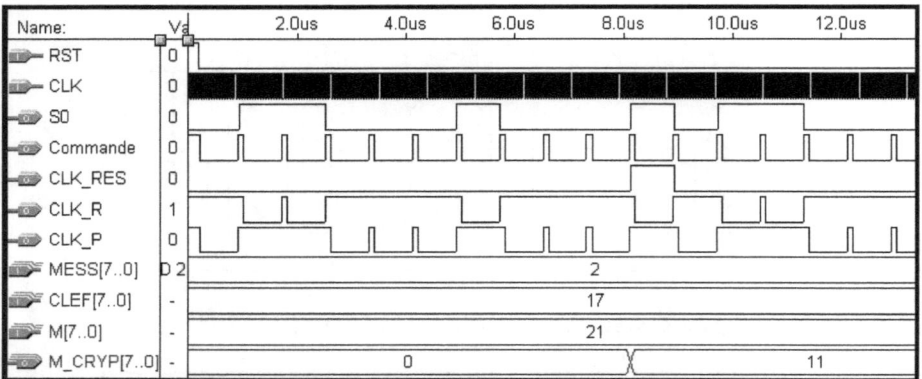

Figure.3.59. Résultat de simulation de Monexp2 (2, 17,21)

La figure 3.59 présente le résultat de simulation de programme principale (monexp2) qui permet de crypter des messages de 8 bits, dans cette figure on peut visualiser les différents   signaux qui permettent de gérer l'algorithme de l'exponentiation modulaire suivant la clef publique CLEF [7..0]. Dans ce cas nous avons utilisé une clef égale à 17, un module M égale à 21 et un message égale à 2. Et après l'exécution de programme nous avons obtenu un message crypté égale à 11.

5.2.6.1. Exemple d'application

Soient deux nombres premiers :
P=3, q=7
- On calcule : N=pq=21
- $\Phi = $ (p-1) (q-1) =12
- On choisit e=17
- La relation entre les clés de cryptage et décryptage est :
  ed=1 Mod [Φ] (Euclide)
  → d=5
- M : message :=2
- Le cryptage : $C=M^e$ Mod N
  $C=2^{17}$ Mod 21=11
- Le décryptage : $M=C^d$ Mod N

$$M=11^5 \ Mod \ 21=2$$

En utilisant l'exponentiation modulaire *monexp2 (2, 17,21)*:

$C1=2^{14} \ Mod \ [21]=4$
$P=Monpro \ (4, 2,21)=4$
$R=Monpro2 \ (4, 1,21)=2$

$$
\left\{
\begin{array}{ll}
i=0 & \left\{
\begin{array}{l}
R=Monpro2 \ (2, 4, 21) \ =4 \\
P=Monpro2 \ (4, 4, 21) \ =8
\end{array}
\right. \\
i=1 & P=Monpro2 \ (8, 8, 21) \ =11 \\
i=2 & P=Monpro2 \ (11, 11, 21) \ =8 \\
i=3 & P=Monpro2 \ (8, 8, 21) \ =11 \\
i=4 & \left\{
\begin{array}{l}
R=Monpro2 \ (4, 11, 21) \ =1 \\
P=Monpro2 \ (11, 11, 21) \ =8
\end{array}
\right.
\end{array}
\right.
$$

Res=Monpro2 (1, 1, 21) =11   même résultat

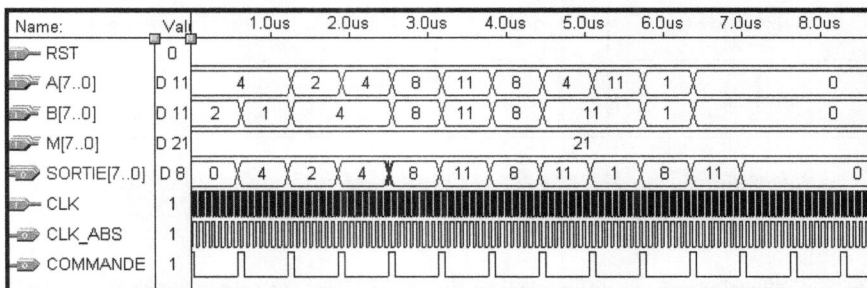

Figure.3.60. Résultat de simulation de l'exemple d'application

La figure 3.60 présente le résultat de simulation de l'algorithme de l'exponentiation modulaire en utilisant l'exemple d'application précédent.

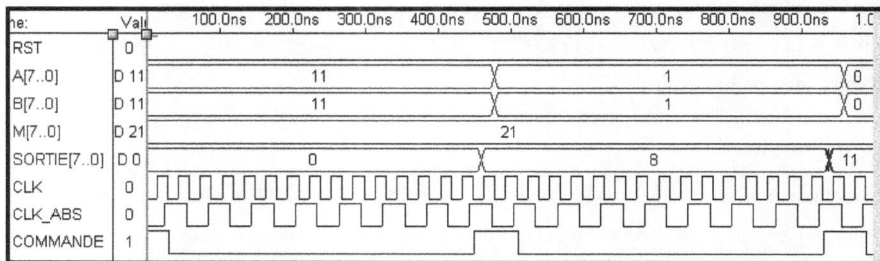

Figure.3.61. Résultat de simulation de Monpro2 (1, 1, 21)

6. Interprétation

6. 1. Résultats de l'implantation

Nous avons utilisé dans notre implantation le circuit programmable   MAX 9000 - EPM9320LC84-15,   qui offre plus de pattes d'entrées / sorties et plus de cellules CLB. Ce changement s'avère nécessaire pour l'architecture de grande taille.

 Nous présentons ici le nombre de cellules configurable logic block (CLB) occupées par

L'architecture *Monexp2* ainsi les Input/Output block (I/OB) et la fréquence d'horloge.

L'architecture que nous utilisons a été optimisée pour l'utilisation de l'espace par le logiciel de synthèse.

 Nous avons utilisé 224 CLBs (70 %) et 34 IOB de ce circuit   avec une fréquence d'horloge de20 Mhz.

Architecture	I/O	No. CLBs	Fréquence
Monpro2	34	114 (35%)	20 MHz
Monexp2	34	224 (70%)	20 MHz

TAB.3.2. Résultats de l'implantation

Après   la simulation de différentes parties de programme *(Monexp2)*, on passe à la phase d'implantation physique sur la composante reprogrammable de type FPGA on sait que La spécification VHDL est directement émulée sur un support matériel tel qu'un circuit FPGA en précisant la famille utilisée pour une implantation physique du circuit. Le synthétiseur va générer la netlist, ensuite il faudra placer tous ces composants dans un FPGA et effectuer le routage entre les différentes cellules logiques. Au terme de ces étapes, le synthétiseur aura générer le bitstream qui sera prêt à être envoyer vers le FPGA. C'est seulement à ce moment là que la programmation proprement dite pourra avoir lieu.

6.2. Programmation

La programmation se fait une fois le circuit parfaitement simulé [3.5]. Une fois la programmation effectuée, un test sur la plateforme Logitest peut être réalisé pour valider le comportement réel.

La démarche de programmation dépend de la famille utilisée (MAX ou FLEX):

- MAX9000 : la programmation a lieu sur un programmateur relié à un PC.
- FLEX8000 ou FLEX10K: la programmation (on dit plutôt configuration comme il s'agit d'une technologie SRAM) a lieu in situ via une interface PC appelée "BYTEBLASTER"

6.2.1. Programmation de la famille MAX9000

1. **Choisissez le circuit cible** : Après la commande **Assign/Device**, choisissez la famille "MAX9000" comme paramètre de "Device family" puis le circuit cible (par exemple EPM9320LC84-15) comme paramètre "device".

2. **Exécutez une compilation temporelle** Le compilateur va générer un fichier .pof qui va être utilisé par le programmateur.

3. **Appelez le programmateur** par la commande **MAX+plus II/Programmer**.

4. Placez un circuit dans le support ALTERA du programmateur matériel situé sur un PC.enfilez le bracelet du programmateur pour éviter les décharges électrostatiques, puis cliquez sur "Program". La diode rouge du programmateur s'allume, indiquant que le circuit se programme. Retirez le circuit du programmateur, bracelet toujours au poignet, et placer le dans le support du système pour lequel il est prévu. (Par exemple placez le dans le support de la maquette du LOGITEST).

5. **ATTENTION :**
   Respecter le détrompeur des circuits (coin biseauté).
   N'oublier pas le bracelet qui permet d' éviter les décharges électrostatiques dans le circuit.

6.2.2. Configuration de la famille FLEX par le "BYTEBLASTER"

Le circuit peut être programmé (ou configuré) directement sur les cartes génériques FLEX (FLEX8000 ou FLEX10K) à partir d'un PC. Le Byteblaster est un boîtier utilisé pour la configuration des cartes génériques. Il sert d'interface entre la liaison parallèle du PC et le port de configuration du circuit FLEX.

1. **Choisissez la circuit cible** : Utiliser la commande **Assign/Device** qui permet de contraindre la famille (FLEX8000 ou FLEX10K) et le circuit choisi (e.g. EPF8452LC84).

2. **Imposez le type de configuration**: Utilisez la commande **Assign/Global Project Device Options** et sélectionnez "Passive Serial" dans la fenêtre "Configuration Scheme". Ce mode de configuration est celui utilisé par le Byteblaster. Vous observez alors que MAXPLUS se réserve les broches de configuration associées à ce type.

3. **Exécutez une compilation temporelle** Le compilateur génère un fichier <circuit>.sof

4. **Configurez via le Byteblaster**: Appelez le programmateur par la commande **MAX+plus II/Programmer**. Cliquez sur "Configure" pour configurez le circuit FLEX. La diode verte de la carte prototype s'allume lorsque la configuration est terminée.

6.2.3. Problèmes divers lors de la programmation

✓ vérifier que la carte de développement est connectée et alimentée (une DEL verte allumée) ;

✓ vérifier que le câble **ByteBlaster** est correctement déclaré sur le bon port ;

✓ vérifier que les cavaliers de la carte sont placés correctement ;

✓ vérifier que le circuit cible choisi lors de la compilation est bien celui de la carte (toutes les lettres doivent correspondre) ;

✓ vérifier que celui imposé au programmateur dans : **JTAG / Multi-Device JTAG Chain Setup**. est bien **EPM7128S** ou **FLEX10K20** suivant la cible choisie sur la carte de développement ;

✓ vérifier que le fichier de programmation imposé dans : **JTAG / Multi-Device JTAG Chain Setup**. est bien un fichier **.pof** (programm object file) pour le circuit **EPM7128S** ou un fichier **.sof** (SRAM object file) pour le fichier **FLEX10K20**.

7. Conclusion

Au cours de ce chapitre, nous avons développé l'architecture d'implantation de l'algorithme de cryptographie RSA en utilisant l'algorithme de Montgomery et l'exponentiation modulaire,de ce fait, nous avons précisé les différents blocs de cet algorithme en utilisant le langage VHDL.

Les architectures obtenues de différents blocs sont optimisées, pour la simple raison, nous avons respecté, un mode graphique dont on peut éliminer les éléments inutiles et de réduire les nombres de cellules logiques programmables CLBs dans le circuit FPGA.

Et finalement on peut dire que cette architecture peut être réformé pour quelle soit adaptable à une architecture matérielle plus performante et capable de crypter des messages de tailles supérieurs.

Conclusion et prespectives

Le travail réalisé a permis, le développement d'une architecture d'implantation de l'algorithme de cryptographie RSA sur un circuit programmable FPGA en utilisant la multiplication de Montgomery et l'exponentiation modulaire pour assurer une performance matérielle meilleure.

Ce travail permet de crypter des messages de 8 bits, la taille de ces messages peut aller jusqu'à 32 bits pour former un bloc élémentaire. L'architecture de ce travail permet une souplesse d'application car on peut rassembler plusieurs blocs selon des règles d'application et on aura la possibilité de crypter même des messages de 1024 bits, parmi ces règles on peut utiliser la décomposition en base RNS ou bien d'autres processus.

Plusieurs améliorations pourraient être apportées à cette architecture, par exemple, il serait possible d'augmenter la taille de la clef ou du message crypté en réalisant d'autres méthodes.

L'architecture présentée dans cette mémoire a été réalisée à partir d'une description en langage VHDL implantable sur un circuit programmable FPGA. Ainsi, si nous souhaitons réaliser une version plus rapide, ou dédiée à une autre architecture, nous pourrions facilement effectuer l'intégration avec une technologie ASIC plus rapide.

L'inconvénient majeur de cette architecture vient de sa rigidité. Nous avons donc entrepris d'augmenter le pouvoir de modification de cette architecture.

D'autre part , les circuits FPGA n'offrent cependant pas tous les aspects de sécurité souhaités puisqu'il suffit d'analyser le contenu de la ROM associée pour remonter à la schématique imaginée.

Pour finir on pourra dire que ce modeste travail n'est qu'un travail de base, il peut être développé sous plusieurs perspectives.

Référence bibliographiques

[1.1]: Schneier Bruce, *Cryptographie appliquée - Algorithmes, protocoles et codes source en C - 2ème édition*, International Thomson Publishing France, 1997. - Ce livre est une traduction, le titre original est *Applied Cryptography - Protocols, Algorithms, and Source Code in C - 2nd Edition.*

[1.2]: Tsudik Gene, *Message Authentication with One-Way Hash Functions*, ACM Computer Communication Review, Vol. 22, pp. 29-38, 1992.

[1.3]: Krawczyk Hugo, Bellare Mihir, Canetti R, *HMAC: Keyed-Hashing for Message Authentication*, RFC 2104, Février 1997.

[1.4]: RSA Laboratories, Frequently Asked Questions about Today's Cryptography - Version 4.0, 1998.

[1.6]: International Standardization Organization, Systèmes de traitement de l'information : interconnexion de systèmes ouverts - Modèle de référence de base - Partie 2 : architecture de sécurité, NOR Z 70-102 (NF ISO 7498-2), AFNOR, 1989.

[1.7]: Diffie Whitfield, Van Oorschot Paul C., Wiener Michael J., *Authentication and Authenticated Key Exchanges*, Designs, Codes and Cryptography, 2, pp. 107-125, Kluwer Academic Publishers, 1992.

[1.8]: *GnuPG*, http://www.gnupg.org.

[1.9]: *PGP*, http://www.ippgp.com

[2.1]: Sécurité des Crypto Systèmes RSA Bouallegue RIDHA, Hamdi OMESSAAD. *ENIT;SUPCOM, Tunis, Tunisie.*

[2.2]: W.W.Adamas, D.Shanks. Strong Primality Tests That Are Not Sufficient. Mathematics of Compulation, vol.39, p.181-190, Rom, Italy, 15-16 février 1993.

[2.3]: D.E. Denning. Digital Signatures With RSA and Other Public-Key Cryptosystems. Communications of the ACM, vol .27,n°4,p.388-392,aviril 1984.

[2.4] : RSA Data Security, Inc. (Page consultée le 25 novembre 1997). RSA –Cryptography FAQ, [En ligne]. Adresse URL:

[3.1]: Efficient Architectures for implementing Montgomery Modular Multiplication and RSA Modular Exponentiation on Reconfigurable Logic.
Alan Daly and William Marnane -University College Cork Ireland

[3.2]: Implementation of 1024-bit modular processor for RSA cryptosystem- Young Sae Kim, Woo Seok Kang, Jun Rim Choi –School of Electronic and Electrical Engineeng, Kyungpook National University ,Korea.

[3.3]: Description d'un bloc de calcul en VHDL, Samuel DUBOULOZ, Sylvain GUILLEY, TELECOM PARIS, écoles supérieures des télécommunications, Mars 2003

[3.4]: Le langage de description VHDL, T. BOLTIN

[3.5] :http://www.perso.enst.fr (Manuel_altera)

[3.6] : Réalisation de multiplieurs numérique en VHDL –Sébastien Bolduc et Stéphane Drouin – système VLSI GIG-19264 -Université Laval (1999)

[4.1]: Conception et intégration des systèmes électroniques, Habilitation, MASMOUDI. .N

[4.2]: Xilinx. *XC4000E and XC4000X Series, data book.* Xilinx Inc, USA. (1997)

[4.3]: Xilinx. *Synthesis and simulation design guide.* Xilinx Inc, USA. (1998).

[4.4]: Viewlogic. *VHDL reference manual.* (1994)

[MH78]: R.C. Merkle and M.E. Hellman. Hiding information and signatures in trapdoor knapsacks. *IEEE transactions on information theory*, 24 :525–530, 1978.

[Sha84]: R. Shamir. A polynomial time algorithm for breaking the merklehellman cryptosystem. *IEEE transactions on information theory*, 30 :699–704, 1984.

GLOSSAIRE

ECB	*carnet de codage électronique*
RSA	*Rivest Shamir Adelman*
DES	*Data Encryption Standard*
NIST	*National Institute of Standards and Technology*
AES	*Advanced Encryption Standard*
IDEA	*International Data Encryption Algorithm*
PGP	*Pretty Good Privacy*
GnuPG	*GNU Privacy Guard*
SSL	Secure Socket Layer
LFSR	*Linear Feedback Shift Registers*
MAC	*Message Authentication Code,*
PGCD	*plus grand diviseur commun*
ASCII	*table d'encodage des caractères utilisés par les ordinateurs*
VHDL	*VHIC Hardware Description Language*
RCA	*Ripple Carry Adder*
PLD	*Programmable Logic Device*
FPLS	*Field Programmable Logic Sequencer*
EPAD	*Erasable Programmable Logic Device*
GAL	*Generic Array Logic*
LCA	*Logic Cell Array*
FPGA	Field Programmables Gate Array
CLB	*configurable logic bloc*
IOB	*cellules d'entrées / sorties*
RTL	*register transfert level*
ASICs	Application Specific Integrated Circuits (Les circuits intégrés spécifiques)

Annexe 1

Project Informatione:\vhdl_ridha\exp_mod_8_finale2\5_schéma\5\mon_exp\mon_exp_2.rpt

MAX+plus II Compiler Report File
Version 9.23 3/19/99
Compiled: 05/09/2005 03:51:00

***** Project compilation was successful

Title: DESIGN Monexp2
Company: RIDHA
Designer: GHAYOULA
Rev: A
Date: 3:49a 5-09-2005

** DEVICE SUMMARY **

Chip/ POF	Device	Input Pins	Output Pins	Bidir Pins	LCs	Shareable Expanders	% Utilized
mon_exp_2							
	EPM9320LC84-15	26	8	0	224	132	70 %
User Pins:		26	8	0			

```
c_controle:28|
c_controle:28|commande:2|
c_controle:28|commande:2|lpm_add_sub:23|
c_controle:28|commande:2|lpm_add_sub:23|addcore:adder|
c_controle:28|commande:2|lpm_add_sub:23|addcore:adder|addcore:adder0|
c_controle:28|commande:2|lpm_add_sub:23|altshift:result_ext_latency_ffs|
c_controle:28|commande:2|lpm_add_sub:23|altshift:carry_ext_latency_ffs|
c_controle:28|commande:2|lpm_add_sub:23|altshift:oflow_ext_latency_ffs|
c_controle:28|s1:3|
c_controle:28|s2:4|
c_controle:28|reg_clef:6|
c_controle:28|clk_abs:21|
_4_1:26|
_4_1:27|
_un:25|
:24|
_p:23|
_resultat:22|
_r:21|
_c1:20|
pro2:30|
pro2:30|add_1:17|
pro2:30|add_1:17|7482:30|
pro2:30|add_1:17|7482:27|
pro2:30|add_1:17|7482:28|
pro2:30|add_1:17|7482:29|
pro2:30|mqi:15|
pro2:30|mqi:15|reg_m:1|
pro2:30|mqi:15|reg_m:1|mux_2_1:29|
pro2:30|mqi:15|reg_m:1|mux_2_1:22|
pro2:30|mqi:15|reg_m:1|mux_2_1:23|
pro2:30|mqi:15|reg_m:1|mux_2_1:24|
pro2:30|mqi:15|reg_m:1|mux_2_1:25|
pro2:30|mqi:15|reg_m:1|mux_2_1:26|
pro2:30|mqi:15|reg_m:1|mux_2_1:27|
pro2:30|mqi:15|reg_m:1|mux_2_1:28|
pro2:30|abi:14|
pro2:30|abi:14|reg_a:1|
pro2:30|abi:14|reg_a:1|mux_2_1:29|
pro2:30|abi:14|reg_a:1|mux_2_1:22|
pro2:30|abi:14|reg_a:1|mux_2_1:23|
pro2:30|abi:14|reg_a:1|mux_2_1:24|
pro2:30|abi:14|reg_a:1|mux_2_1:25|
pro2:30|abi:14|reg_a:1|mux_2_1:26|
pro2:30|abi:14|reg_a:1|mux_2_1:27|
pro2:30|abi:14|reg_a:1|mux_2_1:28|
pro2:30|abi:14|reg_b:2|
pro2:30|abi:14|reg_b:2|mux_2_1:22|
pro2:30|abi:14|reg_b:2|mux_2_1:29|
pro2:30|abi:14|reg_b:2|mux_2_1:28|
pro2:30|abi:14|reg_b:2|mux_2_1:23|
pro2:30|abi:14|reg_b:2|mux_2_1:24|
pro2:30|abi:14|reg_b:2|mux_2_1:25|
pro2:30|abi:14|reg_b:2|mux_2_1:26|
pro2:30|abi:14|reg_b:2|mux_2_1:27|
pro2:30|commande:12|
pro2:30|commande:12|lpm_add_sub:23|
pro2:30|commande:12|lpm_add_sub:23|addcore:adder|
pro2:30|commande:12|lpm_add_sub:23|addcore:adder|addcore:adder0|
pro2:30|commande:12|lpm_add_sub:23|altshift:result_ext_latency_ffs|
pro2:30|commande:12|lpm_add_sub:23|altshift:carry_ext_latency_ffs|
pro2:30|commande:12|lpm_add_sub:23|altshift:oflow_ext_latency_ffs|
pro2:30|add_2:11|
pro2:30|add_2:11|7482:8|
pro2:30|add_2:11|7482:5|
pro2:30|add_2:11|7482:6|
```

***** Logic for device 'mon_exp_2' compiled without errors.

Device: EPM9320LC84-15

Device Options:
```
    Turbo Bit                              = ON
    Security Bit                           = OFF
    User Code                            = ffff
    MultiVolt I/O                        = OFF
```

```
                         R       R   R   R   R         R   R   R   R       R   R   R   R
              M          E       E   E   E   E         E   E   E   E       E   E   E   E
                         S       S   S   S   S         S   S   S   S       S   S   S   S
              C  C_  C  M  E     E   E   E   E         E   E   E   E   V   E   E   E   E
              L  R  L  E  R      R   R   R   R         R   R   R   R   C   R   R   R   R
              E  Y  E  S  V  G   V   V   V   V   C     V   V   V   V   C   V   V   V   V
              F  P  F  S  E  N   E   E   E   E   L   M E   E   E   E   I   E   E   E   E
              7  1  4  7  D  D   D   D   D   D   K   0 D   D   D   D   O   D   D   D   D
              -----------------------------------------------------------------   _
         /   11 10  9  8  7  6   5   4   3   2   1 84 83 82 81 80 79 78 77 76 75    |
      M7 | 12                                                                    74 | RESERVED
     RST | 13                                                                    73 | RESERVED
  VCCINT | 14                                                                    72 | M1
   VCCIO | 15                                                                    71 | VCCINT
   CLEF2 | 16                                                                    70 | GND
   CLEF0 | 17                                                                    69 | MESS6
     GND | 18                                                                    68 | CLEF1
 M_CRYP4 | 19                                                                    67 | GND
   MESS5 | 20                                                                    66 | M_CRYP5
  VCCINT | 21                                                                    65 | MESS4
   MESS1 | 22                          EPM9320LC84-15                            64 | VCCINT
   MESS3 | 23                                                                    63 | MESS0
     GND | 24                                                                    62 | MESS2
     GND | 25                                                                    61 | GND
      M4 | 26                                                                    60 | VCCIO
      M2 | 27                                                                    59 | M5
  VCCINT | 28                                                                    58 | M3
    N.C. | 29                                                                    57 | VCCINT
    #TDO | 30                                                                    56 | ^VPP
      M6 | 31                                                                    55 | #TMS
 M_CRYP0 | 32                                                                    54 | M_CRYP2
         |_  33 34 35 36 37 38 39 40 41 42 43 44 45 46 47 48 49 50 51 52 53   _|
              -----------------------------------------------------------------
              C   C   C   R   V   M   M   R   R   #   #   R   R   R   G   M   R   R   R
              L   L   L   E   C           E   E   T   T   E   E   E   N       E   E   E
              E   E   E   S   C_  C_  C_  S   S   D   C   S   S   S   D   C_  S   S   S
              F   F   F   E   I   R   R   E   E   I   K   E   E   E       R   E   E   E
              6   5   3   R   O   Y   Y   R   R       R   R   R   R       Y   R   R   R
                          V   Y   P   P   V   V       V   V   V   V       P   V   V   V
                          E       7   3   E   E       E   E   E   E       6   E   E   E
                          D               D   D       D   D   D   D       D   D   D   D
```

N.C. = No Connect, This pin has no internal connection to the device.
VCCINT = Dedicated power pin, which MUST be connected to VCC (5.0 volts).
VCCIO = Dedicated power pin, which MUST be connected to VCC (5.0 volts).
GND = Dedicated ground pin or unused dedicated input, which MUST be connected to GND.
RESERVED = Unused I/O pin, which MUST be left unconnected.

= JTAG Boundary-Scan Testing/In-System Programming or Configuration Pin. The JTAG inputs
and TDI should be tied to VCC and TCK should be tied to GND when not in use.
& = JTAG pin used for I/O. When used as user I/O, JTAG pins must be kept stable before and
during configuration. JTAG pin stability prevents accidental loading of JTAG instructions.

RESOURCE USAGE **

.c _y :k	Logic Cells	Column Interconnect Driven	Row Interconnect Driven	Clocks	Clears/ Presets	External Interconnect	Shareable Expanders
	6/16(37%)	2/16(12%)	4/16(25%)	0/2	0/2	3/33(9%)	0/16(0%)
	15/16(93%)	0/16(0%)	1/16(6%)	0/2	0/2	15/33(45%)	6/16(37%)
	10/16(62%)	5/16(31%)	0/16(0%)	0/2	0/2	11/33(33%)	0/16(0%)
	15/16(93%)	1/16(6%)	1/16(6%)	0/2	0/2	16/33(48%)	6/16(37%)
	12/16(75%)	2/16(12%)	2/16(12%)	0/2	0/2	15/33(45%)	3/16(18%)
	15/16(93%)	8/16(50%)	3/16(18%)	0/2	0/2	16/33(48%)	5/16(31%)
	7/16(43%)	5/16(31%)	5/16(31%)	0/2	0/2	14/33(42%)	9/16(56%)
	10/16(62%)	4/16(25%)	3/16(18%)	0/2	0/2	13/33(39%)	10/16(62%)
	11/16(68%)	1/16(6%)	1/16(6%)	0/2	0/2	2/33(6%)	0/16(0%)
	14/16(87%)	4/16(25%)	2/16(12%)	0/2	0/2	18/33(54%)	14/16(87%)
	9/16(56%)	1/16(6%)	9/16(56%)	0/2	0/2	15/33(45%)	8/16(50%)
	13/16(81%)	2/16(12%)	4/16(25%)	0/2	0/2	25/33(75%)	16/16(100%)
	10/16(62%)	0/16(0%)	2/16(12%)	0/2	0/2	13/33(39%)	11/16(68%)
	9/16(56%)	3/16(18%)	6/16(37%)	0/2	0/2	29/33(87%)	8/16(50%)
	16/16(100%)	3/16(18%)	3/16(18%)	0/2	0/2	18/33(54%)	15/16(93%)
	9/16(56%)	3/16(18%)	1/16(6%)	0/2	0/2	10/33(30%)	6/16(37%)
	16/16(100%)	2/16(12%)	2/16(12%)	0/2	0/2	9/33(27%)	0/16(0%)
	16/16(100%)	5/16(31%)	1/16(6%)	0/2	0/2	16/33(48%)	15/16(93%)
	11/16(68%)	1/16(6%)	1/16(6%)	0/2	0/2	2/33(6%)	0/16(0%)

```
l dedicated input pins used:                       4/4        (100%)
l I/O pins used:                                   30/56      ( 53%)
l logic cells used:                                224/320    ( 70%)
l shareable expanders used:                        71/320     ( 22%)
l Turbo logic cells used:                          224/320    ( 70%)
l shareable expanders not available (n/a):         61/320     ( 19%)
age fan-in:                                        5.96
l fan-in:                                          1336

l input pins required:                             26
l input I/O cell registers required:              0
l output pins required:                            8
l output I/O cell registers required:             0
l buried I/O cell registers required:             0
l bidirectional pins required:                     0
l logic cells required:                            224
l flipflops required:                              114
l product terms required:                          880
l logic cells lending parallel expanders:          0
l shareable expanders in database:                 50
l packed registers required:                       0

hesized logic cells:                               81/ 320    ( 25%)
```

c Cell Counts

mn:	01	02	03	04	05	Total
	6	15	10	15	12	58
	15	7	10	11	14	57
	9	13	10	9	16	57
	0	9	16	16	11	52
l:	30	44	46	51	53	224

Device-Specific Information:e:\vhdl_ridha\exp_mod_8_finale2\5_schéma\5\mon_exp\mon_exp_2.rpt
mon_exp_2

** INPUTS **

Pin	LC	Row	Col	Primitive	Code	Shareable Expanders Total	Shared	n/a	Fan-In INP	FBK	Fan-Out OUT	FBK	Name
17	-	D	--	INPUT		0	0	0	0	0	0	1	CLEF0
68	-	D	--	INPUT		0	0	0	0	0	0	1	CLEF1
16	-	D	--	INPUT		0	0	0	0	0	0	1	CLEF2
35	-	-	02	INPUT		0	0	0	0	0	0	1	CLEF3
9	-	-	01	INPUT		0	0	0	0	0	0	1	CLEF4
34	-	-	01	INPUT		0	0	0	0	0	0	1	CLEF5
33	-	-	01	INPUT		0	0	0	0	0	0	1	CLEF6
11	-	-	01	INPUT		0	0	0	0	0	0	1	CLEF7
1	-	-	--	INPUT	G	0	0	0	0	0	0	0	CLK
63	-	B	--	INPUT		0	0	0	0	0	0	1	MESS0
22	-	B	--	INPUT		0	0	0	0	0	0	1	MESS1
62	-	B	--	INPUT		0	0	0	0	0	0	1	MESS2
23	-	B	--	INPUT		0	0	0	0	0	0	1	MESS3
65	-	C	--	INPUT		0	0	0	0	0	0	1	MESS4
20	-	C	--	INPUT		0	0	0	0	0	0	1	MESS5
69	-	D	--	INPUT		0	0	0	0	0	0	1	MESS6
8	-	-	02	INPUT		0	0	0	0	0	0	1	MESS7
84	-	-	--	INPUT		0	0	0	0	0	0	1	M0
72	-	-	--	INPUT		0	0	0	0	0	0	1	M1
27	-	A	--	INPUT		0	0	0	0	0	0	1	M2
58	-	A	--	INPUT		0	0	0	0	0	0	1	M3
26	-	A	--	INPUT		0	0	0	0	0	0	1	M4
59	-	A	--	INPUT		0	0	0	0	0	0	1	M5
31	-	-	01	INPUT		0	0	0	0	0	0	1	M6
12	-	-	01	INPUT		0	0	0	0	0	0	1	M7
13	-	-	--	INPUT		0	0	0	0	0	0	106	RST

Code:

s = Synthesized pin or logic cell
t = Turbo logic cell
+ = Synchronous flipflop
/ = Slow slew-rate output
! = NOT gate push-back
r = Fitter-inserted logic cell
G = Global Source. Fan-out destinations counted here do not include destinations
that are driven using global routing resources. Refer to the Auto Global Signals,
Clock Signals, Clear Signals, Synchronous Load Signals, and Synchronous Clear Signals
Sections of this Report File for information on which signals' fan-outs are used as
Clock, Clear, Preset, Output Enable, and synchronous Load signals.

UTPUTS **

LC	Row	Col	Primitive	Code	Shareable Expanders Total	Shared	n/a	Fan-In INP	FBK	Fan-Out OUT	FBK	Name
–	–	01	OUTPUT		0	0	0	0	1	0	0	M_CRYP0
–	–	01	OUTPUT		0	0	0	0	1	0	0	M_CRYP1
–	–	05	OUTPUT		0	0	0	0	1	0	0	M_CRYP2
–	–	02	OUTPUT		0	0	0	0	1	0	0	M_CRYP3
–	C	--	OUTPUT		0	0	0	0	1	0	0	M_CRYP4
–	C	--	OUTPUT		0	0	0	0	1	0	0	M_CRYP5
–	–	04	OUTPUT		0	0	0	0	1	0	0	M_CRYP6
–	–	02	OUTPUT		0	0	0	0	1	0	0	M_CRYP7

:

Synthesized pin or logic cell
Turbo logic cell
Synchronous flipflop
Slow slew-rate output
NOT gate push-back
Fitter-inserted logic cell

Device-Specific Information:e:\vhdl_ridha\exp_mod_8_finale2\5_schéma\5\mon_exp\mon_exp_2.rp
mon_exp_2

** FASTTRACK INTERCONNECT UTILIZATION **

Row FastTrack Interconnect:

	FastTrack Interconnect	Input Pins	Output Pins	Bidir Pins
Row				
A:	37/ 96(38%)	4/16(25%)	0/16(0%)	0/16(0%)
B:	30/ 96(31%)	4/16(25%)	0/16(0%)	0/16(0%)
C:	49/ 96(51%)	2/16(12%)	2/16(12%)	0/16(0%)
D:	26/ 96(27%)	4/16(25%)	0/16(0%)	0/16(0%)

Column FastTrack Interconnect:

	FastTrack Interconnect	Input Pins	Output Pins	Bidir Pins
Column				
01:	17/48(35%)	6/20(30%)	2/20(10%)	0/20(0%)
02:	12/48(25%)	2/20(10%)	2/20(10%)	0/20(0%)
03:	11/48(22%)	0/20(0%)	0/20(0%)	0/20(0%)
04:	10/48(20%)	0/20(0%)	1/20(5%)	0/20(0%)
05:	10/48(20%)	0/20(0%)	1/20(5%)	0/20(0%)

QUATIONS **

```
0     : INPUT;
1     : INPUT;
2     : INPUT;
3     : INPUT;
4     : INPUT;
5     : INPUT;
6     : INPUT;
7     : INPUT;
      : INPUT;
0     : INPUT;
1     : INPUT;
2     : INPUT;
3     : INPUT;
4     : INPUT;
5     : INPUT;
6     : INPUT;
7     : INPUT;
      : INPUT;
      : INPUT;
      : INPUT;
      : INPUT;
      : INPUT;
      : INPUT;
      : INPUT;
      : INPUT;
```

ode name is 'M_CRYP0'
quation name is 'M_CRYP0', type is output
YP0 = _LC7_B1;

ode name is 'M_CRYP1'
quation name is 'M_CRYP1', type is output
YP1 = _LC6_B1;

ode name is 'M_CRYP2'
quation name is 'M_CRYP2', type is output
YP2 = _LC1_B5;

ode name is 'M_CRYP3'
quation name is 'M_CRYP3', type is output
YP3 = _LC6_B2;

ode name is 'M_CRYP4'
quation name is 'M_CRYP4', type is output
YP4 = _LC11_C4;

ode name is 'M_CRYP5'
quation name is 'M_CRYP5', type is output
YP5 = _LC11_C5;

ode name is 'M_CRYP6'
quation name is 'M_CRYP6', type is output
YP6 = _LC1_D4;

ode name is 'M_CRYP7'
quation name is 'M_CRYP7', type is output
YP7 = _LC2_D2;

ode name is '|bloc_controle:28|COMMANDE:2|:7' = '|bloc_controle:28|COMMANDE:2|CMP0'
quation name is '_LC7_D3', type is buried
_D3 = TFFE(VCC, GLOBAL(CLK), !RST, VCC, VCC);

ode name is '|bloc_controle:28|COMMANDE:2|:6' = '|bloc_controle:28|COMMANDE:2|CMP1'
quation name is '_LC8_D3', type is buried
_D3 = TFFE(_LC7_D3, GLOBAL(CLK), !RST, VCC, VCC);

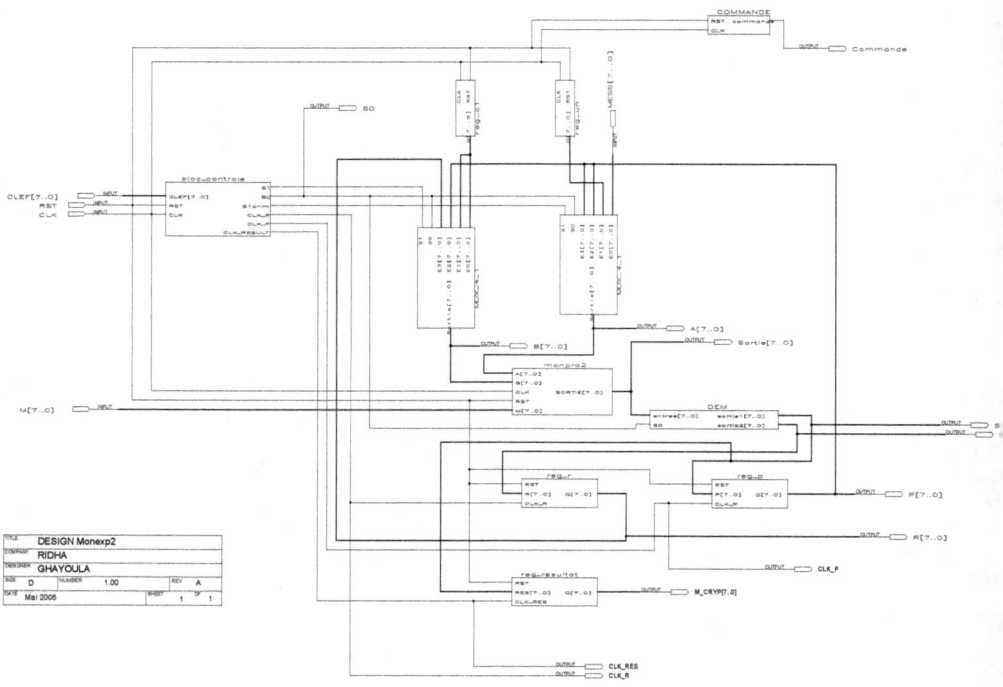

COMMANDE
RST commande
CLK
OUTPUT Commande

OUTPUT SO

CLK
rst
reg_rst

CLK
rst
reg_rst

MESSE[7..0]
INPUT

bloc_controle

CLEF[7..0] INPUT
RST INPUT
CLK INPUT

CLEF[7..0]
RST
CLK

S1
S0
Startm
CLK_P
CLK_r
CLK_RESULT

MUX_A

S1
S0
E3[7..0]
E2[7..0]
E1[7..0]
E0[7..0]
sortie[7..0]

MUX_A

S1
S0
E3[7..0]
E2[7..0]
E1[7..0]
E0[7..0]
sortie[7..0]

OUTPUT A[7..0]

OUTPUT B[7..0]

OUTPUT Sortie[7..0]

monpro2
A[7..0]
B[7..0]
CLK
RST
M[7..0]

sortie[7..0]

M[7..0] INPUT

DEM
entree[7..0]
S0

sortie1[7..0]
sortie2[7..0]

OUTPUT S
OUTPUT S

regr
RST
MIT[7..0]
CLK_P

Q[7..0]

reg_p
RST
M[7..0]
CLK_P

Q[7..0]

OUTPUT P[7..0]

OUTPUT R[7..0]

OUTPUT CLK_P

reg_result
RST
RES[7..0]
CLK_RES

Q[7..0]

OUTPUT M_CRYP[7..0]

OUTPUT CLK_RES
OUTPUT CLK_R

TITLE DESIGN Monexp2
COMPANY RIDHA
DESIGNER GHAYOULA
SIZE D   NUMBER 1.00   REV A
DATE Mai 2005   SHEET 1 OF 1

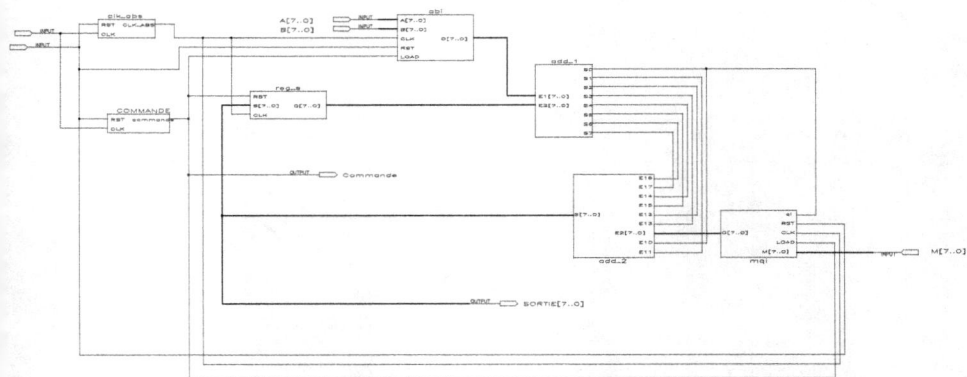

CLK_GEN
RST CLK_ABS
CLK

A[7..0] INPUT
B[7..0] INPUT

add
A[7..0]
B[7..0]
CLK   O[7..0]
RST
LOAD

COMMANDE
RST commande
CLK

reg_a
RST
SE[7..0] SE[7..0]
CLK

add_1
S0
S1
E1[7..0] S2
E2[7..0] S3
S4
S5
S6

OUTPUT Commande

add_2
E16
E17
E15
E14
E[7..0] E13
E2[7..0] E12
O[7..0]
E10
E11

mq1
AT
RST
CLK
LOAD
M[7..0]

INPUT M[7..0]

OUTPUT SORTIE[7..0]

TITLE	DESIGN Monpro2				
COMPANY	RIDHA				
DESIGNER	GHAYOULA				
SIZE D	NUMBER	1.00		REV	A
DATE Mai 2005			SHEET 1	OF	1

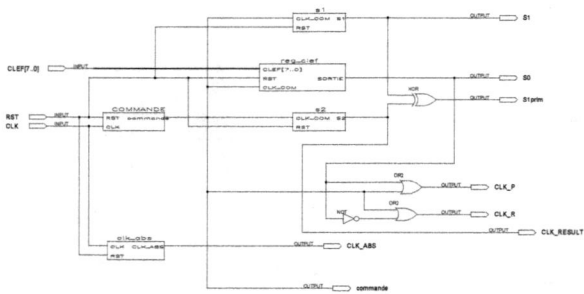

CLEF[7..0]

RST
CLK

COMMANDE
RST commande
CLK

reg_clef
CLEF[7..0]
RST   SORTIE
CLK_COM

s1
CLK_COM S1
RST

s2
CLK_COM S2

CLK_ABS

OR2

OR2
NOT

XOR

S1
S0
S1prim

CLK_P
CLK_R
CLK_RESULT

CLK_ABS

commande

CIK_ABS
CLK CLK_ABS
RST

TITLE	DESIGN bloc_controle			
COMPANY	RIDHA			
DESIGNER	GHAYOULA			
SIZE D	NUMBER 1.00		REV A	
DATE Mai 2005		SHEET 1	OF 1	

INPUT

A7 A6 A5 A4 A3

MUX-2-1 MUX-2-1 MUX-2-1 MUX-2-1 MUX-2-1
E:0 E:0 E:0 E:0 E:0
E:1 E:1 E:1 E:1 E:1
LOAD LOAD LOAD LOAD LOAD

DFF DFF DFF DFF DFF
PRE PRE PRE PRE PRE
CLRN CLRN CLRN CLRN CLRN

ST INPUT
LK INPUT
LD INPUT

OUTPUT Q7   OUTPUT Q6   OUTPUT Q5   OUTPUT Q4   OUTPUT Q3

A2 A1 A0

MUX-2-1 MUX-2-1 MUX-2-1
E:0 E:0 E:0
E:1 E:1 E:1
LOAD LOAD LOAD

DFF DFF DFF
PRE PRE PRE
CLRN CLRN CLRN

OUTPUT Q2   OUTPUT Q1   OUTPUT Q0

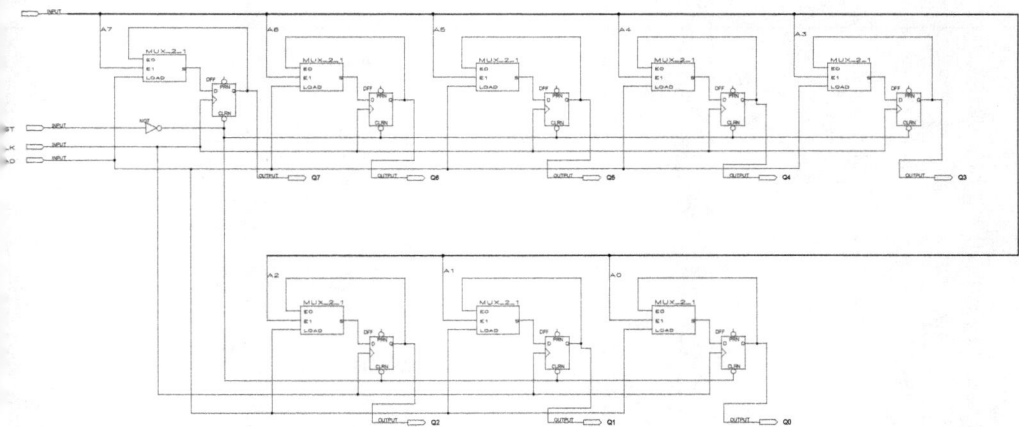

TITLE	DESIGN Reg_A			
COMPANY	RIDHA			
DESIGNER	GHAYOULA			
SIZE D	NUMBER	1.00	REV	A
DATE Mai 2006			SHEET 1	OF 1

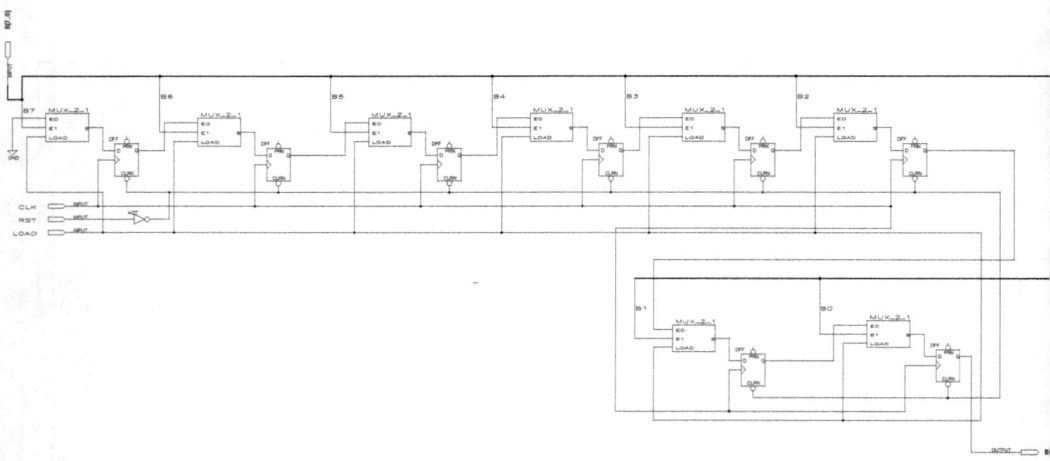

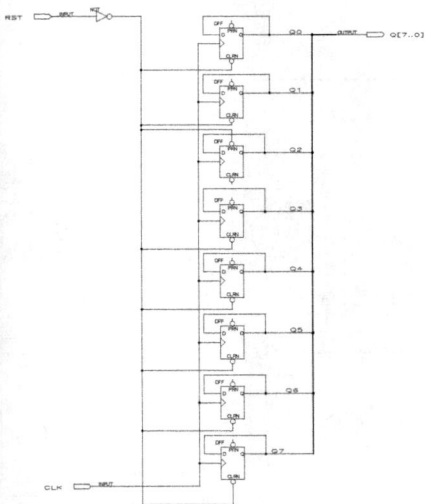

RST ▷ INPUT | NOT

CLK ▷ INPUT

Q0 Q1 Q2 Q3 Q4 Q5 Q6 Q7

OUTPUT ▷ Q[7..0]

TITLE	DESIGN C1			
COMPANY	RIDHA			
DESIGNER	GHAYOULA			
SIZE D	NUMBER	1.00	REV	A
DATE 4:47p 5-08-2005		SHEET 1	OF	1

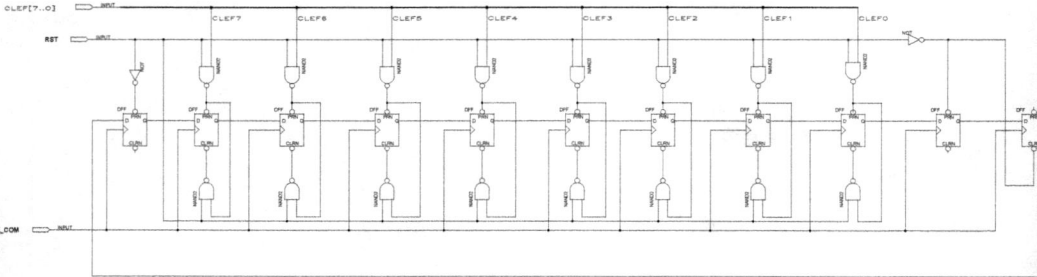

CLEF[7..0] INPUT

RST INPUT

CLEF7   CLEF6   CLEF5   CLEF4   CLEF3   CLEF2   CLEF1   CLEF0

CLK_COM INPUT

TITLE	DESIGN Reg_Cleg				
COMPANY	RIDHA				
DESIGNER	GHAYOULA				
SIZE D	NUMBER	1.00		REV	A
DATE Mai 2005			SHEET	1	OF 1

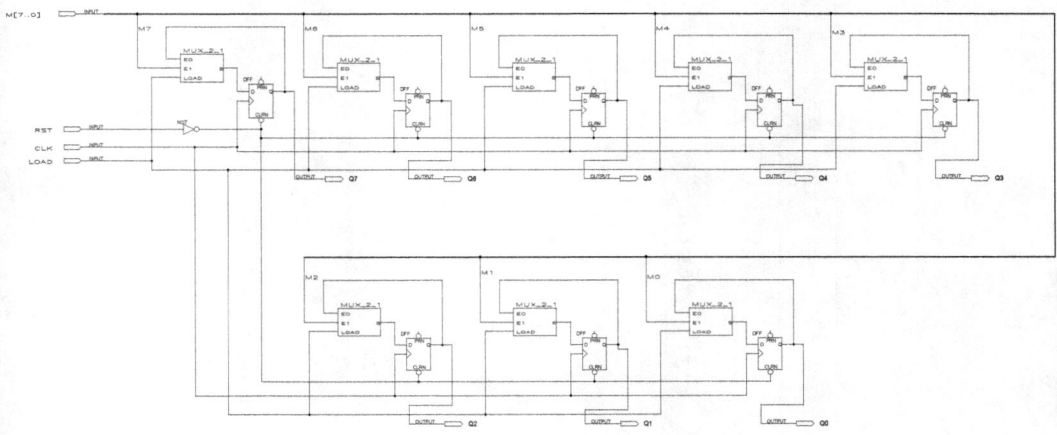

M[7..0]

RST
CLK
LOAD

M7 MUX-2-1
M6 MUX-2-1
M5 MUX-2-1
M4 MUX-2-1
M3 MUX-2-1

OUTPUT Q7
OUTPUT Q6
OUTPUT Q5
OUTPUT Q4
OUTPUT Q3

M2 MUX-2-1
M1 MUX-2-1
M0 MUX-2-1

OUTPUT Q2
OUTPUT Q1
OUTPUT Q0

TITLE	DESIGN Reg_M				
COMPANY	RIDHA				
DESIGNER	GHAYOULA				
SIZE D	NUMBER 1.00		REV A		
DATE Mai 2005		SHEET 1	OF 1		

RST ▭ INPUT NOT
P[7..0] ▭ INPUT P0 DFF PRE CLRN Q0 OUTPUT ▭ Q[7..0]
P1 DFF PRE CLRN Q1
P2 DFF PRE CLRN Q2
P3 DFF PRE CLRN Q3
P4 DFF PRE CLRN Q4
P5 DFF PRE CLRN Q5
P6 DFF PRE CLRN Q6
P7 DFF PRE CLRN Q7
CLK_P ▭ INPUT

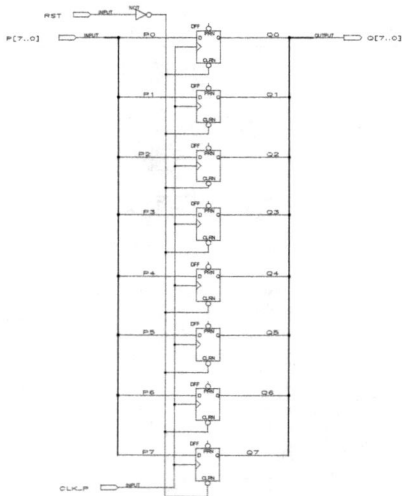

TITLE	DESIGN Reg_P			
COMPANY	RIDHA			
DESIGNER	GHAYOULA			
SIZE D	NUMBER 1.00		REV	A
DATE Mai 2005		SHEET	1	OF 1

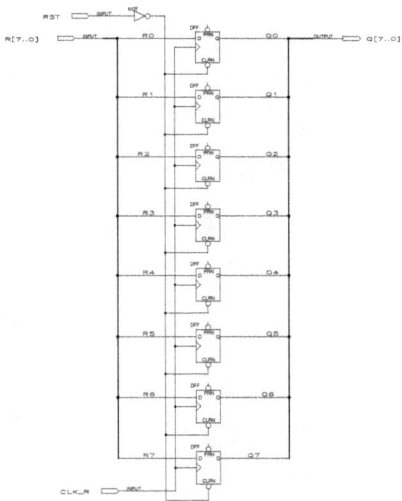

RST

R[7..0]

R0   Q0   Q[7..0]

R1   Q1

R2   Q2

R3   Q3

R4   Q4

R5   Q5

R6   Q6

R7   Q7

CLK_R

TITLE	DESIGN Reg_R		
COMPANY	RIDHA		
DESIGNER	GHAYOULA		
SIZE D	NUMBER 1.00	REV	A
DATE Mai 2005		SHEET 1	OF 1

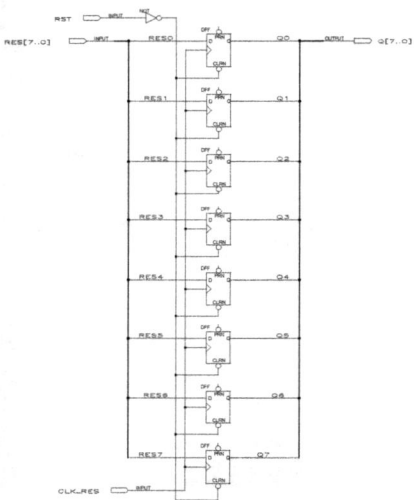

RST

RES[7..0]

RES0
RES1
RES2
RES3
RES4
RES5
RES6
RES7

Q0   Q[7..0]
Q1
Q2
Q3
Q4
Q5
Q6
Q7

CLK_RES

TITLE	DESIGN Reg_Resultat				
COMPANY	RIDHA				
DESIGNER	GHAYOULA				
SIZE	NUMBER	1.00		REV	A
D					
DATE	Mai 2005		SHEET		OF
			1		1

RST INPUT NOT

S[7..0] INPUT S0 DFF PRN D Q Q0 OUTPUT O[7..0]
CLRN

S1 DFF PRN D Q Q1
CLRN

S2 DFF PRN D Q Q2
CLRN

S3 DFF PRN D Q Q3
CLRN

S4 DFF PRN D Q Q4
CLRN

S5 DFF PRN D Q Q5
CLRN

S6 DFF PRN D Q Q6
CLRN

S7 DFF PRN D Q Q7
CLRN

CLK INPUT

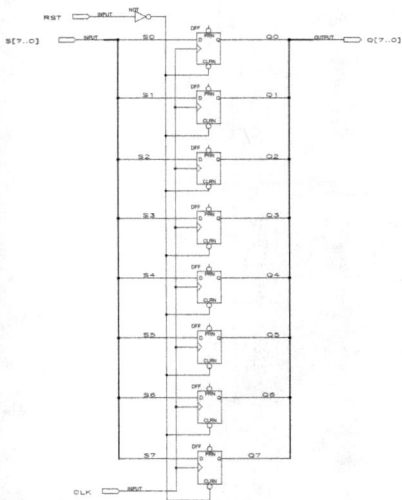

TITLE	DESIGN Reg_S		
COMPANY	RIDHA		
DESIGNER	GHAYOULA		
SIZE D	NUMBER 1.00		REV A
DATE Mai 2005		SHEET 1	OF 1

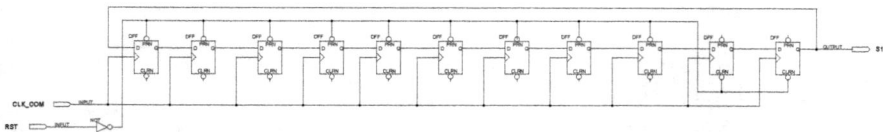

CLK_DOM   INPUT

RST   INPUT   NOT

OUTPUT   S1

TITLE	DESIGN S1			
COMPANY	RIDHA			
DESIGNER	GHAYOULA			
SIZE D	NUMBER	1.00	REV	A
DATE 4:41p 5-08-2005			SHEET 1	OF

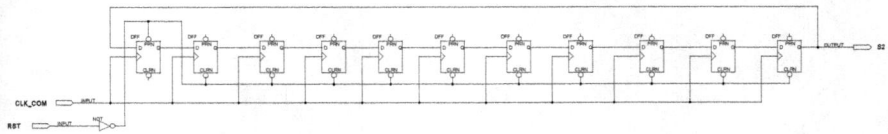

CLK_COM INPUT

RST INPUT NOT

OUTPUT S2

TITLE	DESIGN S2		
COMPANY	RIDHA		
DESIGNER	GHAYOULA		
SIZE D	NUMBER 1.00	REV	A
DATE Mai 2005		SHEET 1	OF 1

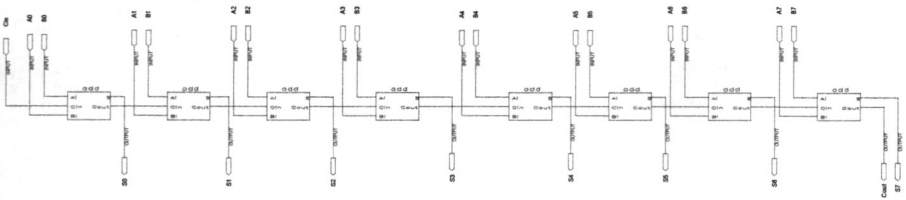

RST ▷ INPUT ▷ NOT ▷○—

```
        ┌──────────┐
        │ DFF   Q  │  ex0
        │  PRN     │
        │ D        │
        │  CLRN    │
        └──────────┘
        ┌──────────┐
        │ DFF   Q  │  ex1
        │  PRN     │
        │ D        │
        │  CLRN    │
        └──────────┘
        ┌──────────┐
        │ DFF   Q  │  ex2
        │  PRN     │
        │ D        │
        │  CLRN    │
        └──────────┘
        ┌──────────┐
        │ DFF   Q  │  ex3
        │  PRN     │
        │ D        │
        │  CLRN    │
        └──────────┘
        ┌──────────┐
        │ DFF   Q  │  ex4
        │  PRN     │
        │ D        │
        │  CLRN    │
        └──────────┘
        ┌──────────┐
        │ DFF   Q  │  ex5
        │  PRN     │
        │ D        │
        │  CLRN    │
        └──────────┘
        ┌──────────┐
        │ DFF   Q  │  ex6
        │  PRN     │
        │ D        │
        │  CLRN    │
        └──────────┘
        ┌──────────┐
        │ DFF   Q  │  ex7      OUTPUT ▷ Q[7..0]
        │  PRN     │
        │ D        │
        │  CLRN    │
        └──────────┘
```

CLK ▷ INPUT ▷

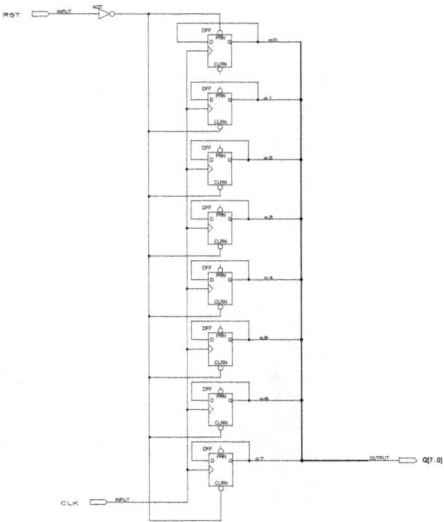

TITLE	DESIGN reg_UN					
COMPANY	RIDHA					
DESIGNER	GHAYOULA					
SIZE D	NUMBER	1.00			REV	A
DATE Mai 2005				SHEET 1	OF	1

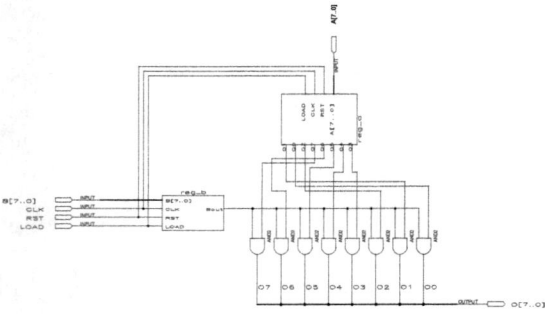

TITLE	DESIGN Abi					
COMPANY	RIDHA					
DESIGNER	GHAYOLLA					
SIZE	D	NUMBER	1.00		REV	A
DATE	Mai 2006			SHEET	1	OF	1

LOAD
CLK
RST
M[7..0]

INPUT
INPUT
INPUT
INPUT

LOAD
CLK
RST
M[7..0]

d1   INPUT

O7   O6   O5   O4   O3   O2   O1   O0

OUTPUT   O[7..0]

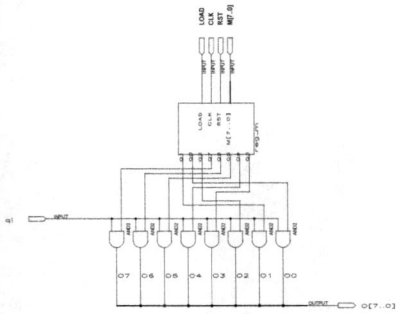

TITLE	DESIGN Mqi				
COMPANY	RIDHA				
DESIGNER	GHAYOULA				
SIZE D	NUMBER	1.00		REV	A
DATE Mai 2005			SHEET	1	OF 1

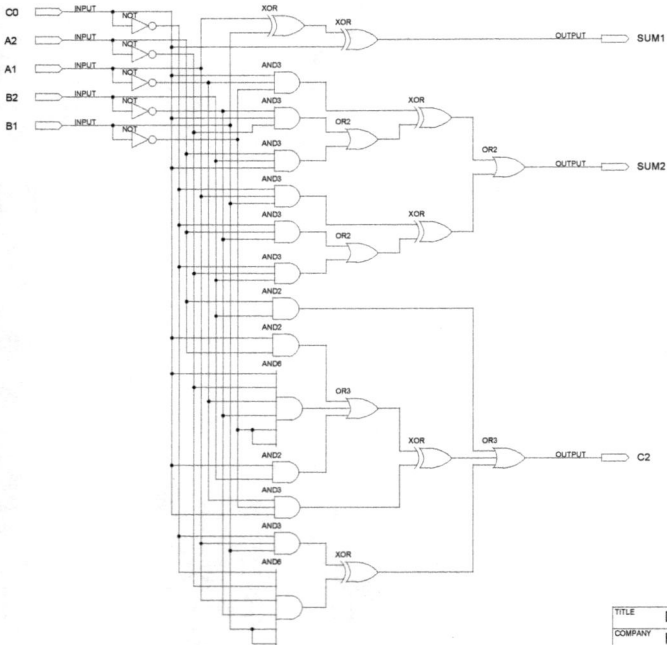

Add_2bits

C0				
A2				
A1				
B2				
B1				

TITLE **DESIGN Add_2bits**

COMPANY **RIDHA**

DESIGNER **GHAYOULA**

SIZE D	NUMBER 1.00		REV A
DATE Mai 2005		SHEET 1	OF 1

Code VHDL

--Pro_1: Commande

```vhdl
library ieee;
use ieee.std_logic_1164.all;
use ieee.std_logic_unsigned.all;

entity commande is
port(
    RST,CLK : in  std_logic;
     commande: out std_logic);
  end commande;

architecture archi of commande is
signal CMP : std_logic_vector (3 downto 0);
begin
process(RST,CLK)
begin
  if RST='1' then
    CMP<="0000";
  elsif (CLK='1' and  CLK'event) then
    CMP <= CMP+1;
  end if;
end process;
 -- Q<=CMP;
commande<='1' when (CMP="1111" or CMP="0000") else '0';

end archi ;
```

--Pro_2 :DEMUX


```vhdl
LIBRARY IEEE ;
USE IEEE.STD_LOGIC_1164.ALL ;

ENTITY Dem IS
    GENERIC (
                NbBits : INTEGER  := 8

    );
    PORT   (
            entree : IN     Std_Logic_Vector(NbBits-1 DOWNTO 0) ;
            S0     : IN     Std_Logic ;
            sortie1 : OUT  Std_Logic_Vector(NbBits-1 DOWNTO 0);
            sortie2 : OUT  Std_Logic_Vector(NbBits-1 DOWNTO 0)
    ) ;
END Dem ;

ARCHITECTURE comportementale OF Dem IS
```

```vhdl
        SIGNAL s_inter1 : Std_Logic_Vector(NbBits-1 DOWNTO 0);
        SIGNAL s_inter2 : Std_Logic_Vector(NbBits-1 DOWNTO 0);
BEGIN
        s_inter1 <=     entree WHEN S0 = '0' ELSE
                        (OTHERS => '-') ;

        s_inter2 <=     entree WHEN S0 = '1' ELSE
                        (OTHERS => '-') ;

        sortie1 <= s_inter1 ;
        sortie2 <= s_inter2 ;
END comportementale ;
```

--Pro_3 :MUX

```vhdl
Library ieee;
use ieee.std_logic_1164.all;

ENTITY mux_4_1 IS
 PORT (
                E0,E1,E2,E3: IN std_logic_vector(7 downto 0);
                    S0,S1: IN std_logic;
                    Sortie: OUT std_logic_vector(7 downto 0)
        );
END mux_4_1;

ARCHITECTURE ARCH_MUX OF MUX_4_1 IS
 BEGIN

   Sortie <= E0 when  (S1='0' and S0 ='0')else
             E1 when  (S1='0' and S0 ='1')else
             E2 when  (S1='1' and S0 ='0')else
             E3 when  (S1='1' and S0 ='1')else
                "-" ;

  END ARCH_MUX;
---Pro_4 :MUX
Library ieee;
Use ieee.std_logic_1164.all;

Entity MUX_2_1 is
 port(
          E0,E1: in   std_logic;
         LOAD: in   std_logic;
             S: out  std_logic);
 End MUX_2_1;
```

```vhdl
architecture DESC of MUX_2_1 is
begin
  with LOAD select
    S<= E0 WHEN '0',
        E1 WHEN '1',
        '0' WHEN OTHERS;
END DESC;
```

---Pro_5 :bascule D

```vhdl
library ieee;
use ieee.std_logic_1164.all;
use ieee.std_logic_unsigned.all;

Entity basuled is
  port(
    d, clk: in std_logic;
      s : out std_logic);
  end basuled;

Architecture description of basuled is
  begin
    pro_basculed : process (CLK)
    begin
      if (clk'event and clk ='1' ) then
          s <= d;
      end if;

end process pro_basculed;

end description;
```

-- Pro_5 :bascule D RS

```vhdl
Library ieee ;
Use ieee.std_logic_1164.all ;
Use ieee.std_logic_unsigned.all;

Entity BasculeDRS is
Port(
  D, CLK, SET, RESET : in   std_logic;
                      Q: out std_logic);
End BasculeDRS;

Architecture DES_archi of BasculeDRS is
Begin
Pro_BASCULEDRS: process (CLK)

If (CLK'event and CLK='1') then
```

```vhdl
   If (RESET ='1' ) then
       Q<= '0';
   Elsif (SET='1') then
       Q<='D';
   End if;
End if;

End process Pro_BASCULEDRS;

End DES_archi;
```

Annexe 2

Technologie de l'implantation

1. Introduction

Les Circuits programmables par l'utilisateur occupent de plus en plus une place prépondérante dans les appareils électroniques modernes .On les trouve sous forme de mémoires, dans les micro-ordinateurs, mais aussi et surtout sous forme de circuits logiques à part entière pour remplacer des sous-ensemble qui, par le passé, auraient utilisé des dizaines voir des centaines de boîtiers logiques conventionnels.

On trouve sur le marché une gamme de circuits diversifiés allant de ceux ne contenant que quelques dizaines de portes, à d'autres intégrant plus de 100.000 portes logiques .Ces circuits sont proposés en différentes technologies : circuits programmables une fois, circuits effaçables électriquement et même des circuits dont la configuration peut être modifiée en cours d'utilisation.

On distingue deux grandes familles de circuits programmables :

- Les mémoires mortes programmables PROM (Programmable Read Memory) ou mémoires programmables à lecture seule ;
- Les circuits PLD (Programmable Logic Device).

1.2. Les familles de PLD

Dans la famille des PLD on distingue les sous familles suivantes :

- Les PAL *(Programmable Array Logic)* : ce sont les circuits logiques programmables les plus anciens, les plus connus et les plus répandus. On distingue deux sous familles de PAL :
    - ✓ Les PAL combinatoires ou PAL simples ne contiennent que des portes logiques.
    - ✓ Les PAL à registres ou FPLS (*Field Programmable Logic Sequencer*) : séquenceur logique programmable .Ces PAL contiennent des registres et on peut donc

faire intervenir dans leur fonctionnement la notion de séquencement temporel.

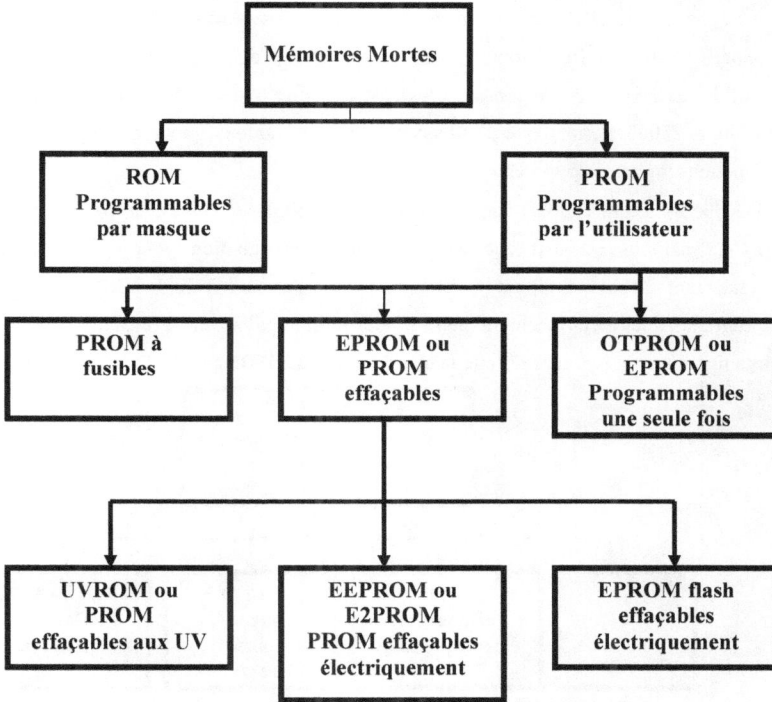

Figure4.1. Classification des principales sous familles de PROM

Les PAL ne sont programmables qu'une seule fois ;ce qui peut être gênant en phase de test ou de mise au point d'un appareil .Longtemps après la commercialisation du premier PAL à fusibles ,sont arrivés sur le marché des PAL effaçables utilisant deux technologie différentes :

- Les EPAD *(Erasable Programmable Logic Device)*, ou circuits logiques programmables et effaçables électriquement .D'autre circuits du même type que les GAL sont commercialisés sous le nom de PAL CMOS.

- Les GAL *(Generic Array Logic)* ou réseau logique générique :ils sont programmables et effaçables électriquement .d'autre circuits du même type les GAL sont commercialisés sous le nom de PAL CMOS.

- Les LCA (Logic Cell Array) ou réseaux de cellules logiques (quelques constructeurs les appellent aussi FPGA : Field Programmables Gate Array) : ils sont apparus aux années 1980, ces LCA sont en fait assimilables à des ASIC programmables par l'utilisateur. En effet, ce sont de gros ensembles de blocs logiques élémentaires (de 2000 à 25000 portes) que l'utilisateur peut programmer, pour réaliser la ou les fonctions logiques de son choix.

- Les FPGA à anti-fusibles sont des réseaux de cellules logiques, un peu comme les LCA, mais ils utilisent une technique de programmation pour les connections totalement différente faisant justement appel à des anti-fusibles. Ces circuits sont programmables électriquement bien sûr mais ne sont pas ensuite effaçables.

L'organigramme de la figure résume la classification des différents PLD.

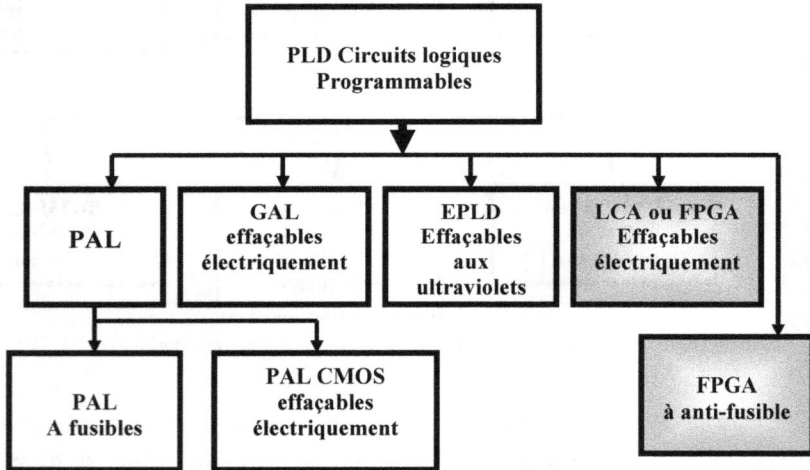

Figure.4.2. Classification des principales familles de circuits logiques Programmables

1.3. Les FPGA de type RAM.

1.3.1. Introduction

Les FPGA de type RAM,qui sont appelés LCA ,sont des circuits programmables .Ils ont été inventés par la firme américaine « Xilinx » et ont été commercialisé pour la première fois en 1985. Ces circuits offerts une densité d'intégration considérable, on dépasse actuellement les 25000 portes logiques par boîtier FPGA. Le terme FPGA signifie *Field Programmable Gate Array*, c'est-à-dire réseau de portes programmables « sur place », alors que LCA signifie *Logic Cell Array* pour réseau de cellules logiques.

En conservant les FPGA, a voulu remédier aux inconvénients des PLD classique c'est à dire les PAL , GAL et EPLD .En effet l'approche classique des PLD conduit à un gaspillage relativement important des ressources.

Pour résoudre ce problème de gaspillage de ressource, il apparaît une architecture du LCA .Comme le montre la figure ,l'organigramme est réalisée par un ensemble de macro-cellules appelées CLB pour *Configuration Logic Bloc* ,l'ensemble est entouré par une ceinture de blocs d'entrées / sorties programmables.

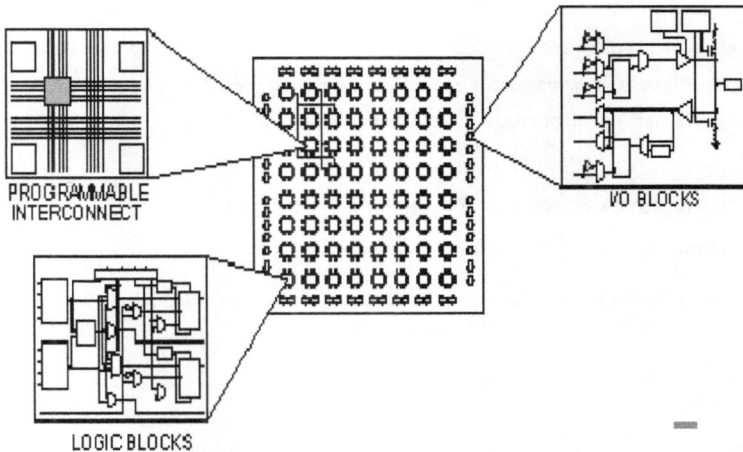

PROGRAMMABLE INTERCONNECT

I/O BLOCKS

LOGIC BLOCKS

Figure.4.3. Architecture interne du FPGA

Les CLB sont connectés entre eux via un ensemble de matrices d'interconnections .En effet ,il existe dans tout LCA des matrices de lignes d'interconnexions sur ces lignes sont effectuées par des transistors MOS dont l'état est contrôlé par des cellules de mémoire vive ou RAM.

1.3.2. La configuration d'un LCA

Comme nous venons de le préciser, la configuration des connexions dans un LCA est assurée par une mémoire RAM dans la quelle on peut lire ou écrire autant de fois que l'on veut et sans aucune restriction. [4.1] Du fait que la RAM perd son contenu lors de toute coupure d'alimentation, trois solutions sont envisageables pour que le LCA garde la configuration de ses connexions :

    ✓ L'utilisation d'un support spécial intégrant une petite pile lithium qui maintient le CLA alimenté même en cas de coupure d'alimentation, la durée de vie de la pile dans ce cas est de l'ordre de 3 ans, en fait ,la consommation du plan mémoire est très faible au repos.

✓ L'utilisation d'une mémoire morte de type PROM,qui lors de chaque mise sous tension se recopie en quelques milli-secondes dans le LCA et le reconfigure ainsi immédiatement .Cette solution est d'ailleurs la plus utilisée.

✓ L'utilisation de ressources d'un micorprecesseur ou microcontrôleur se trouvant dans le même appareil que le LCA pour le configurer lors de chaque mise sous tension.

✓ L'utilisation de cette mémoire RAM peut paraître comme un handicape pour ce qui est de la phase de mise en marche du LCA. Par contre il ouvre de nouveaux horizons aux concepteurs d'appareils car, du fait de cette RAM qui peut être lue mais surtout écrite à tout instant, il est possible de modifier la configuration de la logique réalisée par le circuit alors que le montage est en fonctionnement.

1.4. Architecture des cellules logiques de base du LCA

Les LCA utilisent deux types de cellules de base [4.2] :

- Les cellules d'entrées / sorties appelées IOB pour *Input Output Bloc.*
- Les cellules logiques principales appelées CLB.

1.4.1. Les CLB (configurable logic bloc)

Les blocs logiques configurables sont les éléments déterminants des performances du FPGA. Chaque bloc est composé d'un bloc de logique combinatoire composé de deux générateurs de fonctions à quatre entrées et d'un bloc de mémorisation synchronisation composé de deux bascules D. Quatre autres entrées permettent d'effectuer les connexions internes entre les différents éléments du CLB. La figure ci-dessous, nous montre le schéma d'un CLB.

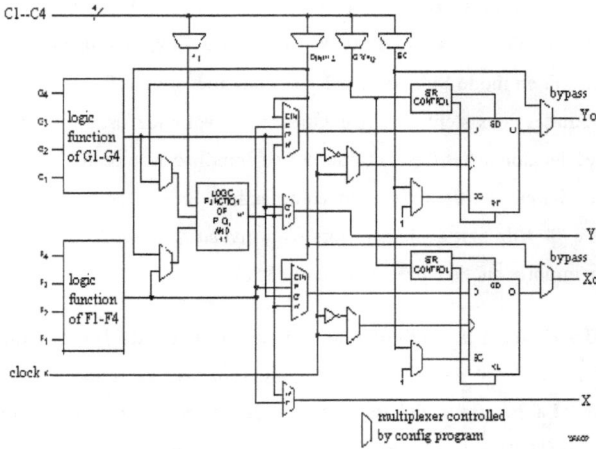

Figure.4.4. Cellules logiques (CLB)

Voyons d'abord le bloc logique combinatoire qui possède deux générateurs de fonctions F' et G' à quatre entrées indépendantes (F1...F4, G1...G4), lesquelles offrent aux concepteurs une flexibilité de développement importante car la majorité des fonctions aléatoires à concevoir n'excède pas quatre variables. Les deux fonctions sont générées à partir d'une table de vérité câblée inscrite dans une zone mémoire, rendant ainsi les délais de propagation pour chaque générateur de fonction indépendants de celle à réaliser. Une troisième fonction H' est réalisée à partir des sorties F' et G' et d'une troisième variable d'entrée H1 sortant d'un bloc composé de quatre signaux de contrôle H1, Din, S/R, Ec. Les signaux des générateurs de fonction peuvent sortir du CLB, soit par la sortie X, pour les fonctions F' et G', soit Y pour les fonctions G' et H'. Ainsi un CLB peut être utilisé pour réaliser

- deux fonctions indépendantes à quatre entrées indépendantes
- ou une seule fonction à cinq variables
- ou deux fonctions, une à quatre variables et une autre à cinq variables.

L'intégration de fonctions à nombreuses variables diminue le nombre de CLB nécessaires, les délais de propagation des signaux et par conséquent augmente la densité et la vitesse du circuit. Les sorties de ces blocs logiques peuvent être appliquées à des bascules au nombre de deux ou directement à la sortie du CLB (sorties X et Y). Chaque bascule présente deux modes de fonctionnement : un mode 'flip-flop' avec comme donnée à mémoriser, soit l'une des fonctions F', G', H' soit l'entrée directe DIN. La donnée peut être mémorisée sur un front montant ou descendant de l'horloge (CLK). Les sorties de ces deux bascules correspondent aux sorties du CLB XQ et YQ. Un mode dit de " verrouillage " exploite une entrée S/R qui peut être programmée soit en mode SET, mise à 1 de la bascule, soit en Reset, mise à zéro de la bascule. Ces deux entrées coexistent avec une autre entrée laquelle n'est pas représentée sur la figure IV.4 appelée le global Set/Reset. Cette entrée initialise le circuit FPGA à chaque mise sous tension, à chaque configuration, en commandant toutes les bascules au même instant soit à '1', soit à '0'. Elle agit également lors d'un niveau actif sur le fil RESET lequel peut être connecté à n'importe quelle entrée du circuit FPGA.

Un mode optionnel des CLB est la configuration en mémoire RAM de 16x2bits ou 32x1bit. Les entrées F1 à F4 et G1 à G4 deviennent des lignes d'adresses sélectionnant une cellule mémoire particulière . La fonctionnalité des signaux de contrôle est modifiée dans cette configuration, les lignes H1, DIN et S/R deviennent respectivement les deux données D0, D1 (RAM 16x2bits) d'entrée et le signal de validation d'écriture WE. Le contenu de la cellule mémoire (D0 et D1) est accessible aux sorties des générateurs de fonctions F' et G'. Ces données peuvent sortir du CLB à travers ses sorties X et Y ou alors en passant par les deux bascules.

1.4.2. Architectures des cellules d'entrées / sorties IOB.

La figure présente la structure de ce bloc. Ces blocs entrée/sortie permettent l'interface entre les broches du composant FPGA et la logique interne développée à l'intérieur du composant. Ils sont présents sur toute la périphérie du circuit FPGA. Chaque bloc IOB contrôle une broche du composant et il peut être défini en entrée, en sortie, en signaux bidirectionnels ou être inutilisée (haute impédance).

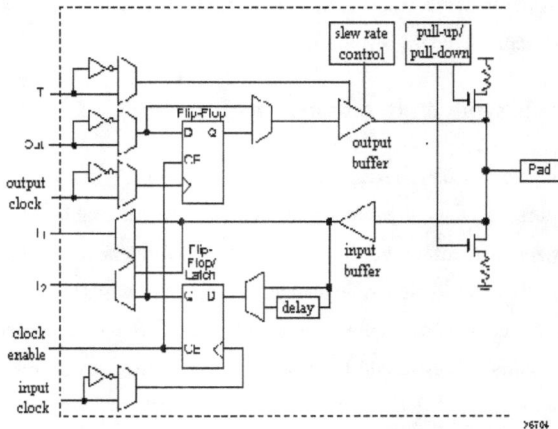

Figure.4.5. Input Output Block (IOB)

1.4.2. a.Configuration en entrée

Premièrement, le signal d'entrée traverse un buffer qui selon sa programmation peut détecter soit des seuils TTL ou soit des seuils CMOS. Il peut être routé directement sur une entrée directe de la logique du circuit FPGA ou sur une entrée synchronisée. Cette synchronisation est réalisée à l'aide d'une bascule de type D, le changement d'état peut se faire sur un front montant ou descendant. De plus, cette entrée peut être retardée de quelques nanosecondes pour compenser le retard pris par le signal d'horloge lors de son passage par l'amplificateur. Le choix de la configuration de l'entrée s'effectue grâce à un multiplexeur (program controlled multiplexer). Un bit positionné dans une case mémoire commande ce dernier.

1.4.2. b. Configuration en sortie

Nous distinguons les possibilités suivantes :

- inversion ou non du signal avant son application à l'IOB,
- synchronisation du signal sur des fronts montants ou descendants d'horloge,
- mise en place d'un " pull-up " ou " pull-down " dans le but de limiter la consommation des entrées sorties inutilisées,
- signaux en logique trois états ou deux états. Le contrôle de mise en haute impédance et la réalisation des lignes bidirectionnelles sont commandés par le signal de commande Out Enable lequel peut être inversé ou non. Chaque sortie peut délivrer un courant de

12mA. Ainsi toutes ces possibilités permettent au concepteur de connecter au mieux une architecture avec les périphériques extérieurs.

2. Les différents types d'interconnexions

Les connexions internes dans les circuits FPGA sont composées de segments métallisés. Parallèlement à ces lignes, nous trouvons des matrices programmables réparties sur la totalité du circuit, horizontalement et verticalement entre les divers CLB. Elles permettent les connexions entre les diverses lignes, celles-ci sont assurées par des transistors MOS dont l'état est contrôlé par des cellules de mémoire vive ou RAM. Le rôle de ces interconnexions est de relier avec un maximum d'efficacité les blocs logiques et les entrées/sorties afin que le taux d'utilisation dans un circuit donné soit le plus élevé possible. Pour parvenir à cet objectif, Xilinx propose trois sortes d'interconnexions selon la longueur et la destination des liaisons. Nous disposons :

- d'interconnexions à usage général,
- d'interconnexions directes,
- de longues lignes.

2.1. Les interconnexions à usage général

Ce système fonctionne en une grille de cinq segments métalliques verticaux et quatre segments horizontaux positionnés entre les rangées et les colonnes de CLB et de l'IOB.

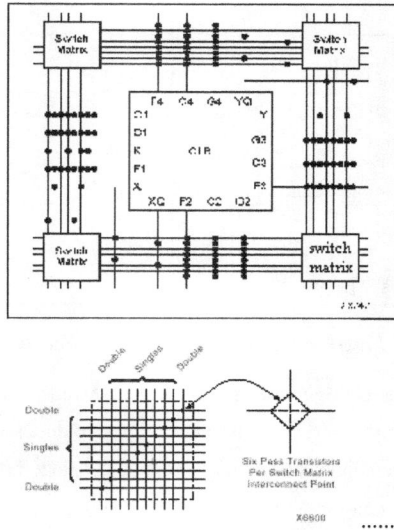

Figure.4.6.Connexions à usage général et détail d'une matrice
de commutation

Des aiguilleurs appelés aussi matrices de commutation sont situés à chaque intersection. Leur rôle est de raccorder les segments entre eux selon diverses configurations, ils assurent ainsi la communication des signaux d'une voie sur l'autre. Ces interconnexions sont utilisées pour relier un CLB à n'importe quel autre. Pour éviter que les signaux traversant les grandes lignes ne soient affaiblis, nous trouvons généralement des buffers implantés en haut et à droite de chaque matrice de commutation.

2.2. Les interconnexions directes

Ces interconnexions permettent l'établissement de liaisons entre les CLB et les IOB avec un maximum d'efficacité en terme de vitesse et d'occupation du circuit. De plus, il est possible de connecter directement certaines entrées d'un CLB aux sorties d'un autre.

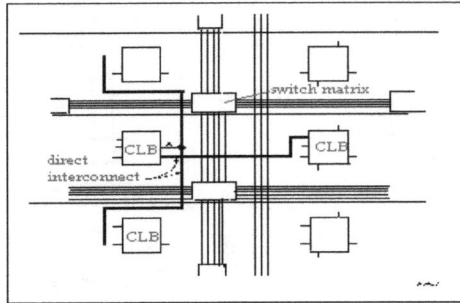

Figure.4.7. Les interconnexions directes

Pour chaque bloc logique configurable, la sortie X peut être connectée directement aux entrées C ou D du CLB situé au-dessus et les entrées A ou B du CLB situé au-dessous. Quant à la sortie Y, elle peut être connectée à l'entrée B du CLB placé immédiatement à sa droite. Pour chaque bloc logique adjacent à un bloc entrée/sortie, les connexions sont possibles avec les entrées I ou les sorties O suivant leur position sur le circuit.

2.3. Les longues lignes

Les longues lignes sont de longs segments métallisés parcourant toute la longueur et la largeur du composant, elles permettent éventuellement de transmettre avec un minimum de retard les signaux entre les différents éléments dans le but d'assurer un synchronisme aussi parfait que possible. De plus, ces longues lignes permettent d'éviter la multiplicité des points d'interconnexion.

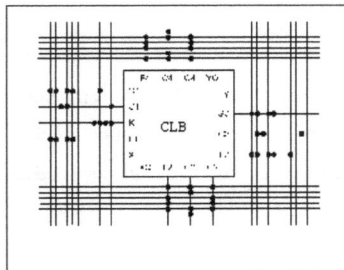

Figure.4.8. Les longues lignes

2.4. Performances des interconnexions

Les performances des interconnexions dépendent du type de connexions utilisées. Pour les interconnexions à usage général, les délais générés dépendent du nombre de segments et de la quantité d'aiguilleurs employés. Le délai de propagation de signaux utilisant les connexions directes est minimum pour une connectique de bloc à bloc. Quant aux segments utilisés pour les longues lignes, ils possèdent une faible résistance mais une capacité importante. De plus, si on utilise un aiguilleur, sa résistance s'ajoute à celle existante.

3. La synthèse en VHDL

La méthodologie de la synthèse en VHDL se compose de trois étapes :

- spécification en VHDL,
- synthèse du code VHDL,
- implantation physique.

3.1. Spécification en VHDL

Le langage VHDL est un langage de description de matériel qui permet de synthétiser des fonctions logiques complexes. A l'aide de ce langage, la première description définit la fonctionnalité du circuit en terme de blocs définis " haut niveau ". Progressivement, les blocs sont détaillés précisément jusqu'à une description proche des ressources matérielles. En effet, le langage VHDL autorise trois niveaux de description :

- le niveau structurel décrit le câblage des composants élémentaires,
- le niveau flot de données décrit les transformations d'un flot de données de l'entrée à la sortie,
- le niveau comportemental décrit le fonctionnement par des blocs programmes appelés Processus qui échangent des données au moyen de signaux comprenant des instructions séquentielles.

3.2. Synthèse du code VHDL

La synthèse permet à partir d'une spécification VHDL, la génération d'une architecture au niveau transfert de registre RTL (register transfert level) qui permet l'ordonnancement et l'allocation de ressources sans une représentation physique, [4.3][4.4] compilable par un outil de synthèse logique. Cette étape est réalisable à condition de se limiter à un sous ensemble du langage VHDL qui soit strictement synthétisable.

3.3. Implantation physique

La spécification VHDL est directement émulée sur un support matériel tel qu'un circuit FPGA en précisant la famille utilisée pour une implantation physique du circuit. La compilation du code VHDL en code FPGA permet de générer le schéma correspondant et une netlist (XNF) constituée d'une liste d'équations booléennes et d'informations portant sur les entrées / sorties du circuit. L'outil de synthèse ne permet pas de faire une simulation comportementale à partir du code VHDL, par conséquent il faut réaliser ces trois étapes à tous les niveaux de conception avant de faire une simulation fonctionnelle.

3.3.1. Optimisation, projection et placement / routage
3.3.3.1. Optimisation

Avant l'utilisation de la netlist, celle-ci est optimisée. Cette étape gère les problèmes de sortance des signaux par la duplication des fonctions logiques de sortance insuffisante, afin de multiplier les sortances. Les signaux inutilisés sont retirés, les expressions booléennes sont simplifiées, les signaux équivalents sont détectés.

3.3.3.2. Projection

La phase de projection dépend du circuit utilisé, les équations de la netlist sont transformées, regroupées en de nouvelles équations ayant un nombre d'arguments inférieur ou égal au nombre de paramètres du bloc logique correspondant à la famille de circuit utilisée.

3.3.3.3. Placement / routage

L'étape suivante consiste à attribuer les cellules (CLB) du circuit à chaque équation délivrée par la projection et à définir les connexions. L'algorithme de placement place physiquement les différentes cellules et les chemins d'interconnexion dessinés entre les cellules afin de faciliter le routage. Des directives jointes à la netlist permettent une bonne répartition des cellules Ces trois opérations sont réalisées par le logiciel Xact (Designer Manager)

4. Conception d'un circuit en technologie FPGA

La conception d'un circuit logique basé sur la technique des FPGA, passe par trois étapes différentes :

- **Etape d'entrée :** C'est une étape de conception et de saisie du circuit. La saisie se fait soit par un éditeur graphique, soit par l'utilisation d'un langage de description matérielle HDL (Hardware Description Langage).
- **Etape de placement du routage :** C'est une étape de compilation, de placement et de routage du circuit dans un LCA.
- **Etape de vérification :** C'est une étape de simulation temporelle du circuit après routage du LCA. Un test de fonctionnement du LCA est possible après sa programmation.
- **Etape d'implémentation :** Une fois le circuit est vérifié, on passe à l'implémentation dans un LCA.

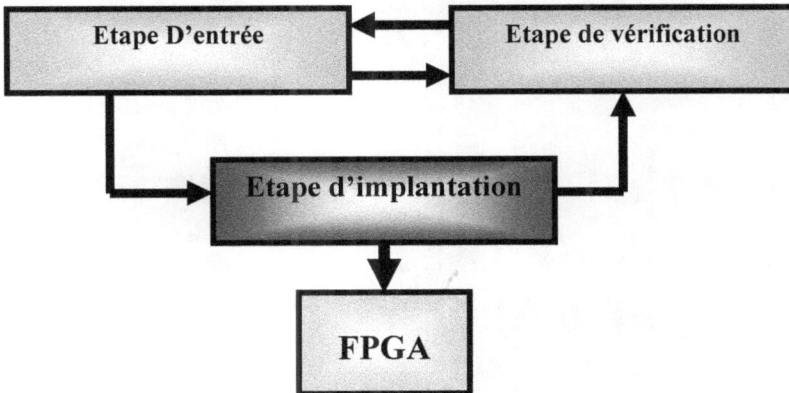

Figure.4.9. Etape d'implantation dans un LCA

6. Programmation des FPGA

On commence par décrire le design soit en utilisant un langage de description matériel (tel VHDL, Verilog, ABEL,...) soit en rentrant directement le schématique. Le synthétiseur va générer la netlist, ensuite il faudra placer tous ces composants (si c'est possible, en effet, certains FPGA ne permettent pas d'émuler des Latchs) dans un FPGA et effectuer le routage entre les différentes cellules logiques. Au terme de ces étapes, le synthétiseur aura générer le bitstream qui sera prêt à être envoyer vers le FPGA. C'est seulement à ce moment là que la programmation proprement dite pourra avoir lieu.

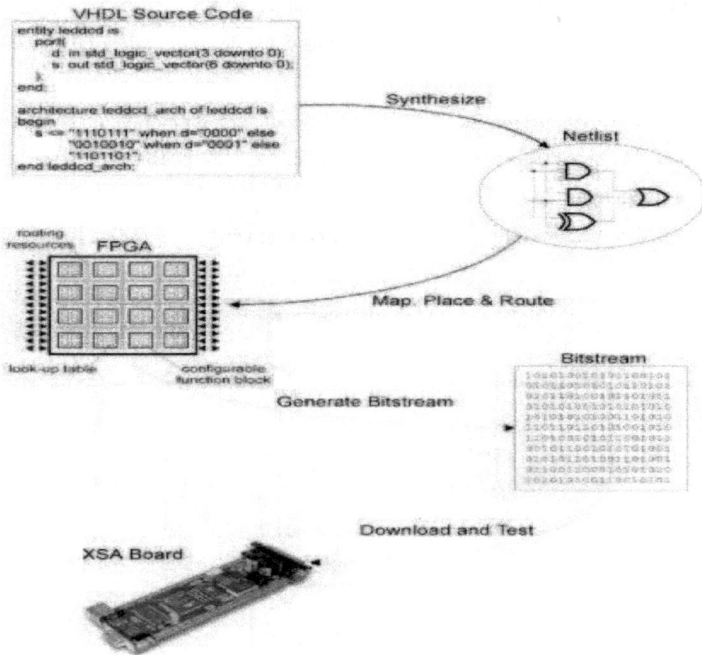

Figure.4.10. Programmation d'un FPGA.

7. Conclusion

Dans ce partie, nous avons présenté les circuits de type FPGA dont nous précisons ici les principaux avantages :

- Le premier argument est la souplesse de programmation qui permet l'emploi conjoint d'outils de schématique aussi bien que l'exploitation d'un langage de haut niveau tel VHDL. Ce qui permet de multiplier les essais, d'optimiser de diverses manières l'architecture développée, de vérifier à divers niveaux de simulation la fonctionnalité de cette architecture.

- Le second argument est évidemment la nouvelle possibilité de reconfiguration dynamique partielle ou totale d'un circuit ce qui permet d'une part, une meilleure exploitation du composant, une réduction de surface de silicium employé et donc du coût, et d'autre part, une évolutivité assurant la possibilité de couvrir à terme des besoins nouveaux sans nécessairement repenser l'architecture dans sa totalité. L'un des points forts de la reconfiguration dynamique est effectivement de permettre de reconfigurer en temps réel en quelques microsecondes tout ou partie du circuit, c'est à dire de permettre de modifier la fonctionnalité d'un circuit en temps quasi réel. Ainsi le même CLB pourra à un instant donné être intégré dans un processus de filtrage numérique d'un signal et l'instant d'après être utilisé pour gérer une alarme. On dispose donc quasiment de la souplesse d'un système informatique qui peut exploiter successivement des programmes différents, mais avec la différence fondamentale qu'ici il ne s'agit pas de logiciel mais de configuration matérielle, ce qui est infiniment plus puissant.

- Notons enfin que ces circuits n'ont pas vocation à concurrencer les super calculateurs, mais plutôt à offrir une alternative en fonction de critères comme l'encombrement, les performances et le prix, et sont de ce fait bien adaptés à des applications de qualité dans le domaine des systèmes ambulatoires ou nomades.

- Enfin il semble que de plus en plus fréquemment les concepteurs de circuits ASIC préfèrent passer par l'étape intermédiaire d'un FPGA ce qui est moins risqué économiquement, puis une fois que le modèle FPGA est au point, il est alors relativement aisé de le retranscrire dans une architecture de type prédiffusé ou précaractérisés. Ce que tous les fondeurs de silicium savent effectivement faire pour en faire un circuit réellement personnalisé et confidentiel. Le FPGA n'étant évidemment pas un circuit très sécurisé sur le plan de la confidentialité puisqu'il suffit d'analyser le contenu de la ROM associée pour remonter à la schématique imaginée.

Annexe 3

Carte de développement Altera

Annexe 4

Code ASCII

Code	Caractère	Code	Caractère	Code	Caractère	Code	Caractère	Code	Caractère
0	[car. nul]	69	E	116	t	164	¤	211	Ó
...		70	F	117	u	165	¥	212	Ô
7	[sig. sonore]	71	G	118	v	166	¦	213	Õ
8	[ret. arrière]	72	H	119	w	167	§	214	Ö
9	[tabulation]	73	I	120	x	168	¨	215	×
10	[saut ligne]	74	J	121	y	169	©	216	Ø
11	[tab. vert.]	75	K	122	z	170	ª	217	Ù
12	[saut page]	76	L	123	{	171	«	218	Ú
13	[ret. chariot]	77	M	124	|	172	¬	219	Û
...		78	N	125	}	173	-	220	Ü
32	[espace]	79	O	126	~	174	®	221	Ý
33	!	80	P	...		175	¯	222	Þ
34	"	81	Q	128	€	176	°	223	ß
35	#	82	R	...		177	±	224	à
36	$	83	S	130	,	178	²	225	á
37	%	84	T	131	ƒ	179	³	226	â
38	&	85	U	132	„	180	´	227	ã
39	'	86	V	133	…	181	µ	228	ä
40	(	87	W	134	†	182	¶	229	å
41	)	88	X	135	‡	183	·	230	æ
42	*	89	Y	136	^	184	,	231	ç
43	+	90	Z	137	‰	185	¹	232	è
44	,	91	[	138	Š	186	º	233	é
45	-	92	\	139	‹	187	»	234	ê
46	.	93	]	140	Œ	188	¼	235	ë
47	/	94	^	...		189	½	236	ì
48	0	95	_	142	Ž	190	¾	237	í
49	1	96	`	...		191	¿	238	î
50	2	97	a	145	'	192	À	239	ï
51	3	98	b	146	'	193	Á	240	ð
52	4	99	c	147	"	194	Â	241	ñ
53	5	100	d	148	"	195	Ã	242	ò
54	6	101	e	149	•	196	Ä	243	ó
55	7	102	f	150	–	197	Å	244	ô
56	8	103	g	151	—	198	Æ	245	õ
57	9	104	h	152	~	199	Ç	246	ö
58	:	105	i	153	™	200	È	247	÷
59	;	106	j	154	š	201	É	248	ø
60	<	107	k	155	›	202	Ê	249	ù
61	=	108	l	156	œ	203	Ë	250	ú
62	>	109	m	...		204	Ì	251	û
63	?	110	n	158	ž	205	Í	252	ü
64	@	111	o	159	Ÿ	206	Î	253	ý
65	A	112	p	160	[espace]	207	Ï	254	þ
66	B	113	q	161	¡	208	Ð	255	ÿ
67	C	114	r	162	¢	209	Ñ		
68	D	115	s	163	£	210	Ò		

Les codes non cités ne sont pas gérés par Microsoft Windows.

Annexe 5

Éléments mathématiques
$\mathbb{Z}$

1.1 Définitions élémentaire

Définition 1 (Groupe). *Un groupe est un couple* $(G, +)$ *où* $+$ *est une loi de composition interne sur* G*, associative, possédant un élément neutre, et telle que tout élément de* G *admet un symétrique pour cette loi. Si* $+$ *est commutative, le groupe est dit commutatif, ou abélien.*

S'il n'y a pas d'ambiguïté sur la loi, on parlera parfois simplement du groupe G. Le couple $(\mathbb{Z}, +)$ composé de l'ensemble des entiers relatifs et de l'addition usuelle est un groupe abélien.

Définition 2 (Sous-groupe). *Soit le groupe* $(G, +)$*. On dit que* $(S, +)$ *est un sous-groupe de* G *si* S *est une partie de* G *stable pour* $+$ *et* S *est un groupe pour la loi* $+$ *induite par* G *sur* S*.*

Les entiers pairs $2\mathbb{Z}$ munis de l'addition sont un sous groupe de $(\mathbb{Z}, +)$.

Définition 3 (Anneau). *Un anneau est un triplet* $(A, +, .)$ *où la loi* $+$ *(dite "additive") est une loi de groupe abélien sur* A *et la loi* $.$ *(dite "multiplicative") est une loi de composition interne, associative, et distributive par rapport à l'addition. Si la multiplication est commutative, l'anneau est dit commutatif, et si elle possède un élément neutre, l'anneau est dit unitaire.*

3

4

Là encore, s'il n'y a pas d'ambiguïté sur les lois, on parlera parfois simplement de l'anneau A. Le triplet $(\mathbb{Z}, +, .)$ composé de l'ensemble des entiers relatifs, de l'addition et de la multiplication usuelles est un anneau commutatif unitaire.

Définition 4 (Corps). *Un corps est un anneau unitaire $(K, +, .)$ tel que $(K - \{0\}, .)$ (où 0 est l'élément neutre de l'addition) est un groupe.*

Tout élément non nul de K est donc inversible dans K. Des exemples classiques de corps sont $(\mathbb{R}, +, .)$ (ensemble des nombres réels) et $(\mathbb{Q}, +, .)$ (ensemble des nombres rationnels).

Définition 5 (Idéal d'un anneau commutatif A). *I est un idéal de A si et seulement si I est un sous-groupe additif de A et pour tout élément x de A et tout élément y de I, $x.y \in I$.*

Les idéaux de l'anneau $\mathbb{Z}$ sont les sous-groupes $n\mathbb{Z}$ (ensemble des multiples de n) avec $n \geq 0$.

Définition 6 (Relation sur un ensemble E). *Une relation $\mathcal{R}$ sur un ensemble E est un couple (E, G) ou G est une partie du produit cartésien $E \times E$, appelée graphe de la relation. On dit que a est en relation avec b, et l'on note $a \mathcal{R} b$, si et seulement si $(a, b) \in G$.*

En pratique, une relation est plutôt définie par une propriété, que par la donnée extensive du graphe.

Définition 7 (Relation d'équivalence). *$\mathcal{R}$ est une relation d'équivalence sur l'ensemble E si et seulement si $\mathcal{R}$ est réflexive (pour tout x de E, on a $x \mathcal{R} x$), symétrique (si $x \mathcal{R} y$ alors $y \mathcal{R} x$) et transitive (si $x \mathcal{R} y$ et $y \mathcal{R} z$ alors $x \mathcal{R} z$).*

Un exemple simple de relation d'équivalence est, par exemple, la relation définie par "$x \mathcal{R} y$ si x a le même nombre de chiffres en base 10 que y".

Définition 8 (Classe d'équivalence). *Soit $\mathcal{R}$ une relation d'équivalence sur E. La classe d'équivalence d'un élément x de E est le sous-ensemble des éléments de E en relation avec x suivant $\mathcal{R}$.*

On dit que deux éléments x et y d'une même classe d'équivalence sont *équivalents* suivant $\mathcal{R}$. Notons également que l'ensemble des classes d'équivalence suivant $\mathcal{R}$ forme une partition de E[1].

Définition 9 (Ensemble quotient de E par $\mathcal{R}$). *Soit $\mathcal{R}$ une relation d'équivalence sur E. L'ensemble des classes d'équivalence de E suivant $\mathcal{R}$ est appelé ensemble quotient de E par $\mathcal{R}$, et il est noté $E/\mathcal{R}$.*

---

[1] Démonstration élémentaire laissée à la diligence du lecteur.

Définition 10 (Classes à gauche, classes à droite). *Soit $(G, +)$ un groupe, H un sous-groupe de G et a un élément de G. Alors les ensembles*

$$aH = \{a + h | h \in H\} \text{ et } Ha = \{h + a | h \in H\}$$

sont appelées respectivement classe à gauche et classe à droite de a suivant H.

Les éléments de aH (resp. Ha) sont les classes d'équivalence de a pour la relation d'équivalence définie par : $x\mathcal{R}y$ si et seulement si $(y - x) \in H$ (resp. $(x - y) \in H$).

Pour deux éléments a et b de G, les ensembles aH et bH sont soit confondus, soit disjoints (a et b sont soit dans la même classe d'équivalence, soit dans des classes d'équivalence différentes) et les ensembles de la forme aH, pour a variant sur tout G, forment une partition de G (toujours en raison des propriétés de la relation d'équivalence).

Théorème 1 (Théorème de Lagrange). *Soit G groupe fini et H un sous groupe de G. Alors le cardinal[2] de H divise le cardinal de G.*

Nous savons déjà que les classes d'équivalence de la relation : $x\mathcal{R}y$ si et seulement si $(y - x) \in H$, forment une partition de G. Remarquons maintenant que l'application qui à x associe $a + x$ definit une bijection de H sur aH. Donc le cardinal de aH est exactement le cardinal de H, et ce pour tout a de G. Donc chaque classe d'équivalence de $\mathcal{R}$ a exactement le même cardinal, qui est aussi celui de H. Donc le cardinal de H divise le cardinal de G.

Définition 11 (Congruence). *Une congruence $\mathcal{R}$ sur un ensemble E, muni d'une loi de composition interne $+$, est une relation d'équivalence sur E, compatible avec la loi de composition interne $+$: soit $x \mathcal{R} y$ et $z \mathcal{R} w$ alors $(x + z) \mathcal{R} (y + w)$.*

1.2 Éléments d'arithmétique

Théorème 2 (Division euclidienne). *Soit deux entiers naturels a et b avec $a > b$. Il existe un couple unique d'entiers naturel q et r (avec $0 \leq r < b$) vérifiant $a = bq + r$.*

q est appelé le quotient de la division euclidienne de a par b et r le reste. La démonstration est triviale.

Définition 12 (Diviseur). *On dit qu'un entier b divise un entier $a > b$ (et on note $a|b$) si et seulement si le reste de la division euclidienne de a par b est égal à 0. On dit aussi que a est un multiple de b.*

---

[2]On appelle aussi parfois le cardinal d'un groupe, l'*ordre* de ce groupe.

6

Définition 13 (Nombre premier). *Un nombre p est dit premier si et seulement si il n'a que deux diviseurs positifs : 1 et lui-même.*

Théorème 3 (Théorème fondamental de l'arithmétique). *Tout entier naturel n peut s'écrire de façon unique en un produit de nombre premiers, appelé décomposition en facteurs premiers de n.*

Une assertion équivalente au théorème fondamental consiste à dire que si un nombre premier p divise ab alors p divise a ou p divise b. Un nombre premier est, quant à lui, dit irréductible[3].

Définition 14 (Plus grand diviseur commun (pgcd)). *Le plus grand diviseur commun de deux entiers a et b, noté pgcd(a, b) est le plus grand entier d divisant à la fois a et b.*

Une définition équivalente du pgcd consiste à dire qu'il s'agit du seul entier divisant a et b et divisible par tous les autres entiers divisant à la fois a et b. Il est aisé de trouver le pgcd de deux nombres lorsque l'on connaît leurs décompositions en facteurs premiers : il suffit de prendre le produit des entiers premiers apparaissant dans les deux décompositions avec l'exposant minimal. Il est malheureusement rare de connaître dans le cas général la décomposition en facteurs premiers d'un nombre quelconque (la sécurité de nombreux systèmes cryptographiques comme le RSA repose précisément sur la difficulté qu'il y a à décomposer un nombre en facteurs premiers). Il existe pourtant une méthode rapide permettant de trouver le pgcd de deux nombres.

Théorème 4 (Algorithme d'Euclide). *Soit deux entiers a et b (b < a). On définit la suite r_n suivante :*

$$r_{n-1} = q_n r_n + r_{n+1} \ avec \ 0 \leq r_{n+1} < r_n$$

avec $r_0 = a$ et $r_1 = b$. Alors, il existe n_0 tel que $r_{n_0+1} = 0$ et r_{n_0} est le pgcd de a et b.

Démonstration : La suite r_n est strictement décroissante et minorée par 0, puisqu'il s'agit de la définition même de la division euclidienne. Donc il existe nécessairement n_0 tel que $r_{n_0+1} = 0$. Montrons maintenant que r_{n_0} est le pgcd de a et b. Pour cela, utilisons la seconde définition du pgcd, c'est à dire qu'il s'agit du seul entier divisant a et b et divisible par tous les autres entiers divisant simultanément a et b.

---

[3]Ces définitions, valables pour l'arithmétique des entiers naturels ou relatifs, devient fausse pour l'arithmétique des nombres algébriques, comme par exemple les nombres de la forme $a + b\sqrt{10}$, pour lesquels l'irréductibilité n'est pas équivalente à la primalité.

Vérifions tout d'abord que r_{n_0} divise a et b. On a $r_{n_0-1} = q_{n_0}r_{n_0} + 0$. Donc r_{n_0} divise r_{n_0-1} Mais s'il divise r_{n_0-1} il divise aussi r_{n_0-2} puisque $r_{n_0-2} = q_{n_0-1}r_{n_0-1} + r_{n_0}$, etc. Par récurrence, on démontre ainsi aisément que r_{n_0} divise tous les r_n et donc divise a et b.

Réciproquement, considérons un nombre c qui divise a et b. c divise donc r_0 et r_1 par définition. Mais alors, il divise également r_2 puisque $r_0 = q_1r_1 + r_2$, etc. Par récurrence, on démontre donc qu'il divise tous les r_n et donc qu'il divise r_{n_0}.

L'algorithme d'Euclide permet d'établir aisément le théorème suivant.

Théorème 5 (Identité de Bezout). *Soit a et b deux nombres tels que $pgcd(a,b) = d$. Il existe alors deux entiers relatifs u et v tels que $au + bv = d$.*

Démonstration : récrivons les relations ci-dessus :

$$r_{n_0} = r_{n_0-2} - q_{n_0-1}r_{n_0-1} \qquad (1.1)$$
$$\cdots = \cdots \qquad (1.2)$$
$$r_{n-1} = r_{n-3} - q_{n-2}r_{n-2} \qquad (1.3)$$
$$\cdots = \cdots \qquad (1.4)$$
$$r_3 = r_1 - q_2r_2 \qquad (1.5)$$
$$r_2 = r_0 - q_1r_1 \qquad (1.6)$$

On voit donc que r_2 peut s'écrire comme une combinaison linéaire de r_0 et r_1 (c'est à dire de a et b). r_3 peut donc s'écrire comme une combinaison linéaire de a et b en remplaçant r_2 par son expression en a et b. On peut ainsi vérifier par récurrence que tous les r_n peuvent s'écrire sous la forme d'une combinaison linéaire de a et b, et ce résultat est donc également valable pour le pgcd r_{n_0}.

Définition 15 (Relation de congruence pour les entiers relatifs). *Soit a et b deux entiers relatifs. Soit p un entier naturel fixé. On dit que a et b sont congrus modulo p si et seulement si $a - b$ est un multiple de p. On note alors :*

$$a \equiv b \ [p]$$

Il est aisé de vérifier que la relation définie ci dessus est une relation d'équivalence (réflexive, symétrique et transitive).

Définition 16 (Ensemble quotient). *On note $\mathbb{Z}/p\mathbb{Z}$ l'ensemble des classes d'équivalence de la relation de congruence modulo p et $\hat{}$ la fonction qui à chaque élément a de $\mathbb{Z}$ associe sa classe d'équivalence $\hat{a}$ dans $\mathbb{Z}/p\mathbb{Z}$.*

Notons que $\mathbb{Z}/p\mathbb{Z}$ contient exactement p éléments qui sont représentés par les éléments canoniques $\hat{0}, \hat{1}, \cdots, \widehat{p-1}$.

Définition 17 (Arithmétique de $\mathbb{Z}/p\mathbb{Z}$). *On étend l'arithmétique de $\mathbb{Z}$ à $\mathbb{Z}/p\mathbb{Z}$ en définissant les fonctions $\widehat{+}$ et $\widehat{\times}$ de la façon suivante :*

$$\widehat{a} \mathbin{\widehat{+}} \widehat{b} = \widehat{a+b}$$
$$\widehat{a} \mathbin{\widehat{\times}} \widehat{b} = \widehat{a \times b}$$

Pour que cette définition ait un sens, il faut vérifier que les opérations définies ci-dessus sont bien indépendantes du représentant choisi dans la classe d'équivalence. Cela est rendu évident par les formules : $(pa + b) + (pc + d) = p(a + b) + (c + d)$ et $(pa + b)(pc + d) = p(pac + cb + ad) + bd$.

Théorème 6. *$\mathbb{Z}/p\mathbb{Z}$ muni des opérations $\widehat{+}$ et $\widehat{\times}$ est un anneau. La fonction $\widehat{}$ est un morphisme surjectif d'anneau.*

On abandonne généralement la notation $\widehat{}$ pour les opérateurs et les classes d'équivalence de $\mathbb{Z}/p\mathbb{Z}$, et on les note simplement $+$, $\times$ et $0 \cdots p - 1$, notation que nous adopterons dans la suite.

Exemple 1. *Posons $p = 5$. Les élément de $\mathbb{Z}/5\mathbb{Z}$ sont 0, 1, 2, 3 et 4. 0 est bien évidemment élément neutre pour l'addition et 1 élément neutre pour la multiplication. L'inverse (pour l'addition) de 2 est 3 ($2 + 3 = 5 \equiv 0$ [5]), celui de 4 est 1.*

Théorème 7 (Inversibilité dans $\mathbb{Z}/p\mathbb{Z}$). *Un élément $\widehat{a}$ de $\mathbb{Z}/p\mathbb{Z}$ est inversible si et seulement si a et p sont premiers entre eux.*

Démonstration : si a et p sont premiers entre eux, alors il existe u et v tels que $au + pv = 1$. Modulo p, cette relation devient $au \equiv 1$ [p]. u est donc l'inverse de a dans $\mathbb{Z}/p\mathbb{Z}$.

Réciproquement, si a et p ne sont pas premiers entre eux alors il existe trois nombres q, r, s avec $1 < q < p$ et $1 < s < p$ tels que $qr = a$ et $qs = p$ (q est le pgcd de a et p). On en déduit $qrs = qsr = pr = as$ qui devient modulo $p : as \equiv 0$ [p]. Donc $\widehat{a}$ est un diviseur de zéro dans $\mathbb{Z}/p\mathbb{Z}$ et n'admet donc pas d'inverse[4].

Théorème 8 (Corps $\mathbb{Z}/p\mathbb{Z}$). *$\mathbb{Z}/p\mathbb{Z}$ est un corps si et seulement si p est premier.*

Démonstration : si p est premier, alors tout nombre compris strictement entre 1 et p est premier avec p, donc tout nombre de $\mathbb{Z}/p\mathbb{Z}$ est inversible. Réciproquement, si p n'est pas premier, il admet au moins un diviseur compris strictement entre 1 et p, qui ne sera donc pas inversible.

---

[4]S'il en admettait un, que nous noterions a^{-1}, on aurait (comme $as = 0$) : $a^{-1}as = 0$, soit $s = 0$ dans $\mathbb{Z}/p\mathbb{Z}$, ce qui est contredit l'hypothèse $1 < s < p$ dans $\mathbb{Z}$.

Théorème 9 (Théorème chinois). *Soit le système de s congruences suivant :*

$$x \equiv a_1 \ [m_1]$$
$$x \equiv a_2 \ [m_2]$$
$$\cdots \equiv \cdots$$
$$x \equiv a_s \ [m_s]$$

et $\forall i, j, \ j \neq i, \ pgcd(m_i, m_j) = 1.$ *Alors il existe une solution* x_0 *commune à toutes les congruences ci dessus et toute autre solution est congruente à* x_0 *modulo* $M = m_1 m_2 \cdots m_s.$

Démonstration : posons $M_i = M/m_i$, alors $pgcd(M_i, m_i) = 1$. Donc d'après l'identité de Bezout, il existe N_i tel que $M_i N_i \equiv 1 \ [m_i]$. Posons $x_0 = \sum_i a_i M_i N_i$. Alors pour tout j : $x_0 \equiv a_j \ [m_j]$. Supposons maintenant que nous ayons une deuxième solution x_1 de notre système. Posons $x = x_0 - x_1$. x est congru à 0 modulo chacun des m_i, et donc également congru à 0 module M. Donc x_0 et x_1 sont congrus modulo M.

Définition 18 (Fonction indicatrice d'Euler). *Soit* n *un entier naturel. On appelle fonction indicatrice d'Euler, et on note* $\varphi(n)$ *le nombre d'entiers naturels strictement positifs premiers avec* n *et strictement inférieurs à* n.

On remarque que pour p premier, $\varphi(p) = p - 1$; d'autre part, $\varphi(p^\alpha) = p^\alpha - p^{\alpha-1}$, puisque les nombres premiers avec p^α et inférieurs à p^α sont tous les nombres inférieurs à p^α moins les multiples de p (et il y en a $p^{\alpha-1}$).

Nous allons maintenant donner une formule générale permettant de calculer $\varphi(n)$ connaissant la décomposition en facteurs premiers de n. Avant cela, nous aurons besoin du lemme suivant.

Lemme 1. *La fonction* φ *est multiplicative pour les nombres premiers entre eux :* *si* $pgcd(p, q) = 1$ *alors* $\varphi(pq) = \varphi(p)\varphi(q)$

Démonstration : nous devons compter les nombres i compris entre 0 et $pq - 1$ qui sont premiers avec pq. Or, d'après le théorème chinois, un nombre i n'aura pas de facteur commun avec pq si et seulement si le nombre $i_1 \equiv i \ [p]$ n'a aucun facteur commun avec p et le nombre $i_2 \equiv i \ [q]$ n'a pas de facteur commun avec q. On a donc grâce au théorème chinois une bijection entre les couples (i_1, i_2) tels que i_1 est premier avec p et i_2 est premier avec q, et les nombre i tel que i est premier avec pq. Or, nous avons $\varphi(p) \times \varphi(q)$ couples de ce type, donc $\varphi(pq) = \varphi(p)\varphi(q)$

De façon générale :

Théorème 10. *Soit n un entier naturel avec $n = \prod_{1 \le i \le k} p_i^{e_i}$ où les (p_i, e_i) sont la décompositions en facteurs premiers de n. Alors :*

$$\varphi(n) = \prod_{1 \le i \le k} (p_i - 1) p_i^{e_i - 1}$$

Démonstration : φ étant multiplicative, il suffit d'utiliser la formule $\varphi(p^\alpha) = p^\alpha - p^{\alpha-1} = p^{\alpha-1}(p-1)$ pour p premier.

Théorème 11. *Soit a et n deux nombres premiers entre eux et $x_1, x_2, \cdots x_k$ les nombres $(x_i)_{i=1}^{\varphi(n)}$ premiers avec n et inférieurs à n. Alors l'ensemble des $(ax_i)_{i=1}^{\varphi(n)}$ dans $\mathbb{Z}/n\mathbb{Z}$ est égal à l'ensemble des $(x_i)_{i=1}^{\varphi(n)}$.*

Démonstration : Tout d'abord remarquons que si x_i et a sont premiers avec n alors ax_i est premier avec n. Maintenant, supposons qu'il existe deux nombre i et j distincts tels que $ax_i \equiv ax_j \ [n]$. Cela implique que $a(x_i - x_j) \equiv 0 \ [n]$. Mais a étant premier avec n, il est inversible et donc on a $x_i - x_j \equiv 0 \ [n]$. Donc $x_i \equiv x_j \ [n]$, ce qui est contraire à l'hypothèse.

Théorème 12 (Généralisation d'Euler). *Soit a et n deux nombres premiers entre eux. Alors $a^{\varphi(n)} \equiv 1 \ [n]$*

L'ensemble des $(x_i)_{i=1}^{\varphi(n)}$ premiers avec n et inférieurs à n et l'ensemble des $(ax_i \mod n)_{i=1}^{\varphi(n)}$ étant les mêmes, on a

$$\prod_{i=1}^{\varphi(n)} x_i \equiv \prod_{i=1}^{\varphi(n)} ax_i \equiv a^{\varphi(n)} \prod_{i=1}^{\varphi(n)} x_i \ [n]$$

Donc $a^{\varphi(n)} \equiv 1 \ [n]$

Ce théorème est appelé généralisation d'Euler, car il généralise le petit théorème de Fermat qui dit que si n est premier, alors pour tout $a < n$, $a^{n-1} \equiv 1 \ [n]$.

On peut également remarquer une propriété utile liée au théorème d'Euler : si l'on souhaite calculer a^r modulo n, alors on peut réduire r en s avec $s \equiv r \ [\varphi(n)]$ et $a^r \equiv a^s \ [n]$

1.3 Résidus quadratiques

Définition 19 (Résidu quadratique). *Soit $a \in \mathbb{Z}/n\mathbb{Z}$. a est appelé résidu quadratique modulo n ou carré modulo n si et seulement si il existe $b \in \mathbb{Z}/n\mathbb{Z}$ tel que $b^2 \equiv a \ [n]$*

Théorème 13 (Racines carrés dans le corps $\mathbb{Z}/n\mathbb{Z}$). *Soit $n > 2$ premier. Alors si a est un résidu quadratique dans $\mathbb{Z}/n\mathbb{Z}$ différent de 0, a a exactement deux racines carrées.*

La démonstration est élémentaire. Soit b et c, deux racines de a quelconques et non nécessairement distinctes. Nous avons alors $b^2 \equiv c^2 \ [n]$. Donc $b^2 - c^2 \equiv 0 \ [n]$, ou encore $(b-c)(b+c) \equiv 0 \ [n]$. n étant premier, $\mathbb{Z}/n\mathbb{Z}$ est un corps. On a donc soit $b = c$, soit $b = n - c$. a admet donc bien exactement deux racines carrées distinctes, l'une inférieure ou égale à $\frac{n-1}{2}$ et l'autre strictement supérieure.

Théorème 14 (Nombre de résidus quadratiques). *Soit $n > 2$ premier. Alors il y a exactement $\frac{n-1}{2}$ résidus quadratiques différents de 0 dans $\mathbb{Z}/n\mathbb{Z}$.*

Le résultat découle directement du théorème précédent. L'ensemble des résidus quadratiques est simplement obtenu en calculant le carré de tous les nombres de 1 à $\frac{n-1}{2}$.

Définition 20 (Symbole de Legendre). *Soit $n > 2$ premier et a un entier quelconque. On définit le symbole de Legendre $\left(\frac{a}{n}\right)$ par :*

Théorème 15.
$$\left(\frac{a}{n}\right) \equiv a^{(n-1)/2} \ [n]$$

des poids des éléments de J soit exactement x. Mathématiquement :

$$x \in \mathbb{N}, I = \{x_1, x_2, \cdots, x_i, \cdots, x_n\}, \text{ trouver } J \text{ tel que} : \sum_{i \in J} x_i = x$$

Remarquons tout d'abord que, s'il est possible de montrer que le problème du sac à dos est NP-complet dans le cas général, il existe des instances extrêmement faciles à résoudre, ce sont celles faisant intervenir les séquences super-croissantes :

Définition 21 (Séquence super-croissante). *Soit une suite u_n et la série associée $S_n = \sum_{i=1}^{n} u_n$. On dit que u_n est super-croissante si l'on a :*

$$\forall n, \ u_{n+1} > S_n$$

Notons tout de suite que les bases de numérations sont toutes des exemples de séquence super-croissante ($1 + 2 < 4$, $1 + 2 + 4 < 8$, etc).

Il est clair que le problème du sac à dos est trivial lorsque l'on utilise une séquence super-croissante. Il est tout aussi clair qu'il n'a pas toujours de solution. Ainsi, si l'on choisit la base 2 comme séquence super-croissante, tout nombre pourra se décomposer sur cette base au sens du problème du sac à dos. Il n'en va pas de même si l'on choisit la base 10 (par exemple, $13 = 8 + 4 + 1$ se décompose aisément sur la séquence $\{1, 2, 4, 8\}$, alors que le même nombre ne peut pas se décomposer sur la séquence $\{1, 10\}$).

L'idée de Merkle-Hellman est de transformer un problème du sac à dos trivial basé sur une séquence super-croissante en problème du sac dos général, qui devient alors NP-complet, donc "insoluble". Nous allons tout d'abord présenter une version simplifiée de l'algorithme Merkle-Hellman.

Algorithme 1 (Génération de la clef pour l'algorithme Merkle-Hellman). *L'algorithme se décompose de la façon suivante :*

1. *Choisir une séquence super-croissante $\{a_1, a_2, \cdots, a_n\}$ et un nombre N avec $N > a_1 + a_2 + \cdots + a_n$*

2. *Choisir un nombre $A < N$ tel que $pgcd(A, N) = 1$*

3. *Calculer les $b_i \equiv Aa_i \ [N]$*

La clef publique est $(\{b_1, b_2, \cdots, b_n\})$ et la clef privée $(N, A, \{a_1, a_2, \cdots, a_n\})$.

Il suffit maintenant pour l'émetteur de récupérer la clef publique $(\{b_1, b_2, \cdots, b_n\})$, qui peut être transmise par n'importe quel canal, même non sûr, puis d'appliquer l'algorithme de cryptage suivant :

Algorithme 2 (Cryptage par l'algorithme de Merkle-Hellman). *Soit un message binaire composée de la suite de chiffre $d_1 d_2 \cdots d_n$, avec $d_i = 0$ ou $d_i = 1$. Alors, le message crypté est :*

$$c = \sum_{i=1}^{n} d_i b_i$$

où les b_i sont la clef publique calculée par l'algorithme précédent.

Supposons maintenant qu'un individu mal intentionné tente de décrypter le message c. Il est en possession de la séquence $I = \{b_1, b_2, \cdots, b_n\}$ et du nombre c. Il lui faut donc résoudre un problème de sac à dos, puisqu'il lui faut trouver le sous ensemble J de I tel que $\sum_{j \in J} b_j = c$. Or ce problème de sac à dos n'a a priori aucune structure particulière, puisque la séquence b_i n'est pas super-croissante après l'application de la multiplication par A et du modulo N. Ce problème est donc a priori NP-complet.

En revanche, si nous sommes en possession de la clef privée, le décryptage est élémentaire :

Algorithme 3 (Décryptage par l'algorithme de Merkle-Hellman). *Soit le message cryptée c. Soit $m \equiv A^{-1} c\ [N]$. Calculons les nombres binaires d_i' tel que $m = \sum_{i=1}^{n} d_i' a_i$. Alors $d_i = d_i'$, où les d_i représentent les chiffres du message initial.*

L'algorithme de décryptage de Merkle-Hellman consiste à résoudre un problème de sac à dos, mais cette fois ci sur une instance super-croissante. On peut aisément vérifier que l'algorithme de décryptage est correct en raison de la propriété suivante :

$$m \equiv A^{-1} c \equiv A^{-1} \sum_{i=1}^{n} d_i b_i \equiv \sum_{i=1}^{n} d_i (A^{-1} b_1) \equiv \sum_{i=1}^{n} d_i a_i\ [N]$$

Nous allons maintenant développer un exemple pour bien montrer le fonctionnement de l'algorithme Merkle-Hellman. Nous allons choisir des nombres artificiellement petits, sachant bien entendu qu'il faudrait normalement choisir des nombres plus grands de plusieurs ordres de magnitude.

Exemple 2 (Application de l'algorithme de Merkle-Hellman). *Nous allons prendre $n = 8$, et comme suite : $\{a_1, a_2, \cdots, a_8\} = \{3, 7, 15, 31, 63, 151, 317, 673\}$. Nous choisissons $N = 1511$ et $A = 643$. Nous calculons alors la séquence : $\{b_1, b_2, \cdots, b_8\} = \{418, 1479, 579, 290, 1223, 389, 1357, 593\}$, et aussi $643^{-1} = 47\ [1511]$.*

La seule information diffusée est la liste des b_i. Supposons maintenant que nous ayons à coder le message 10011010. Il suffit de calculer puis de transmettre $c = 418 + 290 + 1223 + 1357 = 3288$.

Pour décrypter le message, nous calculons $m = A^{-1}c\,[N] = 47 \times 3288\,[1511] = 414$. Il nous suffit alors de résoudre le problème du sac à dos avec la séquence super-croissante a_i et $x = 414 = 317 + 63 + 31 + 3$, soit 10011010. Nous retrouvons bien le message initial.

L'algorithme de Merkle-Hellman est aujourd'hui complètement abandonné. Même avec diverses améliorations (permutation sur les éléments de la base, algorithme itéré, etc), il n'est pas sûr et l'on a trouvé des algorithmes capables de le "casser" en un temps polynomial. Le premier exemple d'un tel algorithme est dû à Shamir en 1982 (publié seulement en 1984 [Sha84]).

Notons enfin qu'il n'existe qu'un seul système de cryptage sûr basé sur le principe du "sac à dos". Il s'agit de l'algorithme de Chor-Rivest. Son principal inconvénient est la taille des clefs (de l'ordre de 50000 bits).

2.3 L'algorithme RSA (Rivest-Shamir-Adleman)

L'algorithme RSA est actuellement le cryptosystème le plus employé. Inventé en 1977, il est basé sur l'impossibilité, tout au moins à ce jour, de factoriser rapidement de grands nombres composites.

Algorithme 4 (Génération d'une clef pour l'algorithme RSA). *La construction d'une clef pour l'algorithme RSA se fait en trois étapes :*

1. *Générer deux grands nombres premiers p et q et calculer $n = pq$ et $\phi = (p-1)(q-1)$*
2. *Trouver un entier e tel que $1 < e < \phi$ et $pgcd(e, \phi) = 1$*
3. *Calculer $d = e^{-1}\,[\phi]$.*

La clef publique diffusée est (n, e) et la clef privée est d.

Notons que la connaissance de n et e ne permet pas de reconstituer d. Il faudrait pour cela être capable de factoriser n, ce qui est impossible dès que l'on choisit p et q suffisamment grands.

Algorithme 5 (Cryptage par l'algorithme RSA). *Le message m à transmettre doit appartenir à l'intervalle $[0, n-1]$. On calcule alors :*

$$c \equiv m^e\,[n]$$

c est le message crypté à transmettre.

Algorithme 6 (Décryptage par l'algorithme RSA). *Soit c le message crypté. Il suffit de calculer :*

$$m \equiv c^d\,[n]$$

www.ingramcontent.com/pod-product-compliance
Lightning Source LLC
Chambersburg PA
CBHW021058210326
41598CB00016B/1252